Sandy Kien

Mit Russell Terriern leben

Sandy Kien

Mit
Russell Terriern
leben

Jack und Parson Russell Terrier
halten und züchten

Oertel+Spörer

Bildnachweis:

Titelbild: Dr. Gabriele Lehari

Innenteilbilder:

Dr. Gabriele Lehari: S. 10, 12, 17, 19, 22, 24, 28, 30, 33, 41 (2), 42, 48, 54, 56, 60, 64, 65, 73, 76, 80, 86, 88, 98, 100, 104, 106, 107, 109, 110, 116, 119, 125, 127, 129, 146, 188

Charlotte Widmann: S. 35, 44, 50, 64, 68, 82, 102, 113, 152, 183

Laura Wilhelm: S. 8, 46, 58, 62, 75, 90, 114

Alle anderen Fotos von der Autorin

Haftungsausschluss:

Bibliografische Information der Deutschen Nationalbibliothek

Die Deutsche Nationalbibliothek verzeichnet diese Publikation in der Deutschen Nationalbibliografie; detaillierte bibliografische Daten sind im Internet über http://dnb.d-nb.de abrufbar.

© Oertel+Spörer Verlags-GmbH+Co.KG · 2012

Postfach 16 42 · 72706 Reutlingen

Alle Rechte vorbehalten

Schrift: 9,5/14,5 p Meta Plus

Lektorat: Dr. Gabriele Lehari

DTP und Repro: raff digital gmbh, Riederich

Druck und Bindung: Oertel+Spörer Druck und Medien-GmbH+Co., Riederich

Printed in Germany

ISBN 978-3-88627-840-8

Inhalt

Inhalt

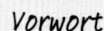

Vorwort

In meiner gesamten Laufbahn als Züchterin des niederläufigen Jack Russell Terriers habe ich vieles gesehen und erlebt. Ich habe viele Vereine, viele andere Züchter, viele Meinungen und auch sehr viele verschiedene Hunde kennengelernt. Ich hatte mit verrückten und abartigen Dingen zu tun, wie auch mit verschiedenen Züchtern und Hundehaltern, vor denen ich wirklich meinen Hut gezogen habe.

Und immer wieder wurde mir angeraten, doch mal ein Buch über die Russells zu schreiben.

Russell-Freunde schreien noch heute förmlich nach einer Lektüre, in der auf familiäre und verständliche Weise beschrieben wird, wie denn das Leben mit einem Russell wohl ist und was für Probleme auf einen zukommen können. Etwas über Wesen, Art, Charakter, Futter, Zucht und, und, und. Man fragte mich nach einer Lektüre, die sich liest wie ein Roman, in der aber das Wissenswerte rund um den Russell beschrieben ist. Dinge, die eigentlich nur Halter und Züchter von mehreren Russells wissen können. Eben alles, was interessant ist rund um die Russelbande.

In diesem Buch habe ich nun versucht, den Jack Russell Terrier und auch den Parson Russell Terrier aus meiner Sicht als Züchter, Halter und Trainer zu beschreiben. Ich bin kein Mediziner, kein Gelehrter, kein Studierter, deswegen werde ich Sie auch nicht mit Fachausdrücken bombardieren.

Ich werde den Jack und auch den Parson nicht so beschreiben, wie sie vielleicht irgendein Verein oder Verband haben möchte, sondern so, wie sie mich seit Jahren begleiten und wie sie jene Menschen sehen, die einen gekauft haben und dann immer mit denselben Problemen und Sorgen fragend an mich herantreten. Es gibt so viele Jack- und Parson-Persönlichkeiten, die ich nicht alle in einen Topf werfen möchte, und es gibt so viele verschiedene Menschen, die mit solchen Hunden leben, dass ich nicht alles verallgemeinern will.

In diesem Buch geht es nicht darum, ob der Hund Papiere hat oder ob er ein Zufallsprodukt ist. Vielleicht ist gerade Ihr Hund nur zur Hälfte ein Jack oder ein Parson. Und auch für Sie soll dieses Buch eine informative und unterhaltsame Lektüre sein.

Jack und Parson Russell Terrier werden mich noch lange in meinem Leben begleiten, und sie werden mich noch vieles lehren, aber ich hoffe trotzdem, dass dieses Buch für diejenigen ein Leitfaden ist, die zum ersten Mal mit einem Jack oder Parson zu tun haben, oder für jene, die zwar schon Russells haben oder hat-

ten, aber nicht genug Infos bekommen können. Man kann nie auslernen, es gibt immer wieder Neues – sowohl Gutes als auch Schlechtes – und selbst ich, die schon ewig mit Hunden zu tun hat, kommt immer wieder dahinter, dass es Dinge gibt, die ich eben noch nicht gewusst habe.

Ich möchte an dieser Stelle dazu sagen, dass ich neben den Terriern auch noch Schäferhunde besitze und diese auch im Sport führe. Dadurch wurde mir klar, wie unterschiedlich Hunde sein können, wie unterschiedlich Groß und Klein agieren und wie wenig Hundehalter und Züchter von Kleinhunden oder von der Materie Hund überhaupt wissen, die noch nie mit großen, auch starken Hunden zu tun hatten.

Ich wünsche Ihnen viel Spaß bei der Lektüre dieses Buches.

Sandy Kien

Die Autorin mit einem Teil ihres Hunderudels.

Der kleine Jack Russell, der große Jack Russell und der Parson Russell ...

... **U**nd eigentlich kennt sich hier schon keiner mehr aus. Hier erfahren Sie etwas über die Geschichte der Russell Terrier.

Klar, Russell-Fans wissen Bescheid und die eingefleischten Kenner dieser Rasse sicher auch, aber es gibt sehr, sehr viele, die zwar den Namen Jack Russel oder Parson Russel Terrier kennen, aber keinen blassen Schimmer davon haben, was sich wirklich dahinter verbirgt. Daher möchte ich an dieser Stelle etwas Licht ins Dunkel bringen.

Verwirrung durch die Namen

Heutzutage unterscheidet man Parson Russell Terrier vom Jack Russell Terrier. Beide gelten jetzt als eigene Rassen. Aber bis vor nicht allzu langer Zeit wurden alle diese Hunde in einen Topf geworfen und Parson Jack Russell Terrier genannt. Dieser Name ist aber heute offiziell nicht mehr gültig.

Am besten lassen sich die beiden Rassen durch die Größe unterscheiden. Der Parson gilt als die hochbeinige Variante und der Jack als der kleine, niederläufige Typ. Leicht geändert hat sich heutzutage auch das Wesen dieser beiden Schläge. Während der Parson Russell Terrier der eigentlich Jagdhund geblieben ist,

wurde der niederläufige Jack Russell Terrier immer mehr und mehr der Familienrowdy, der die Mäuse im Stall dezimiert, die Ratten durch die Gänge scheucht und dann und wann auch mal einen Vogel oder etwas anderes Kleines tötet und stolz präsentiert. Aber seine Leidenschaft zur Jagd im Wald hat sich etwas verringert, was nicht heißen soll, dass es nicht dennoch kleine Jack Russell Terrier gibt, die durch die Fuchsbauten zischen und weder Tod noch Teufel fürchten. Wir haben erlebt, dass der Parson Russell Terrier fast noch um eine Spur temperamentvoller und agiler zu sein scheint als sein kurzbeiniger Kollege, was aus ihm einen superschnellen Sporthund macht, der in den Disziplinen, bei denen Geschwindigkeit verlangt wird, einiges an Leistung zu zeigen vermag.

Woher kommt aber nun diese Rasse?

Der Ursprung dieser pfiffigen Jagdterrier ist in England in der Grafschaft Devon zu suchen. Dort wurde im Jahr 1795 ein gewisser John Russell, der aber Jack gerufen wurde, als Sohn eines Pfarrers geboren. Sein Vater war ein passionierter Jäger, der seine Freizeit vorwiegend mit der Parforcejagd verbrachte. Bei der Parforcejagd wird das Wild von einer Hundemeute

gehetzt und gestellt, während die Jäger zu Pferde folgen. Der junge Jack Russell fand ebenso Gefallen an der Jagd. Schon als er die Internatsschule in Devonshire besuchte, besaß er zusammen mit einigen Freunden eine Hundemeute. Sie hielten die dortigen Farmen mithilfe der Hunde von Füchsen, Wieseln und Ratten frei. Während seines Theologiestudiums im Jahr 1815 kaufte sich John Russell seine erste Terrierhündin. Sie war weiß mit braunen Abzeichen über jedem Ohr und Auge und einem pennygroßen Fleck auf der Schwanzwurzel. Somit entsprach „Trump", wie die Hündin hieß, schon weitgehend dem Aussehen der später nach „Jack" Russell benannten Hunderasse. 1819 wurde Russell zum Pfarrer ernannt. Im Englischen bedeutet „Parson" nichts anderes als Pfarrer, daher die spätere Bezeichnung „Parson Jack Russell Terrier". Bei seiner ersten Stelle als Hilfspfarrer in Cornwall konnte Russell ungehindert seiner Jagdleidenschaft frönen und wurde bald nur noch „Hunting Parson", der jagende Pfarrer, genannt. Daneben wid-

Bei diesem Russell ist die Verwandtschaft zu den Vorfahren, den Foxterriern, noch zu erkennen.

mete er sich der Hundezucht, wobei sein erklärtes Zuchtziel die Arbeitstauglichkeit und die Verwendbarkeit bei der Jagd und nicht ein einheitliches Aussehen waren. Viele Züchter betrieben damals die Zucht solcher für die Fuchsjagd verwendeten Terrier und bezeichneten diese Hunde als Foxterrier.

Während die meisten Züchter dazu übergingen, den Hunden ein einheitliches und schöneres Aussehen zu verleihen, blieb Russell dabei, auf reine Arbeitstauglichkeit zu züchten. Er wollte einen Hund haben, der den eingeschlieften Fuchs aus seinem Bau drückt, ohne ihn zu töten oder zu verletzen. Eine bissige oder aggressive Rasse war für diesen Zweck nicht geeignet, daher wollte Russell einen Terrierschlag mit den „Merkmalen eines Gentleman" züchten. Der Hund sollte ebenso bei Wind und Wetter unermüdlich seine Beute verfolgen, auch wenn er dabei viele Kilometer über Stock und Stein zurücklegen musste. Die weiße Fellfarbe war von Vorteil, da man die Hunde besser von dem zu jagenden Wild unterscheiden konnte und sie so nicht versehentlich erschossen wurden.

In Kreisen der Russell-Fans wurde immer wieder über diese Überlieferung diskutiert, denn von irgendwoher musste erstens die Langbeinigkeit des Parson Russell Terriers kommen, zweitens die Kurzbeinigkeit des Jack Russell Terriers und drittens stellt sich die Frage: Warum nannte man damals den Hund nicht generell John Foxterrier, da der Foxterrier, als Gegenstück zum Muttertier, die Grundlage dieser Rasse gebildet haben musste?

Viele glauben deshalb, dass Pfarrer Russell wirklich exzellente Foxterrier züchtete, aber bald auf ein Problem stieß. Vielleicht wurden ihm die Hunde zu groß, sodass sie nicht mehr in den Bau passten, oder aber es wurde blutlinientechnisch einfach zu eng und er hatte Probleme mit seinen Zuchthunden infolge zu starker Inzucht. Vielleicht kaufte sich Pfarrer Russell deshalb diese Hündin „Trump", da sie in sein Schema der Terrierzucht passte. Sie war kleiner, also würden die Welpen wieder kleiner werden, und sie brachte zudem frisches Blut mit hinein.

Die Sache mit der Größe

Der „Jack Russell Terrier Club Great Britain" züchtet diesen Hund unter der Bezeichnung Jack Russell Terrier, wobei eine Schulterhöhe von etwa 25 bis 38 cm verlangt wird.

Der „American Kennel Club" betreut diese Rasse ebenfalls unter dem Namen Jack Russell Terrier. Die Schulterhöhe wird dort bei Rüden mit etwa 36 cm und bei Hündinnen mit 33 cm angegeben. Was unter 30,5 cm und über 38,1 cm ist, wird in der Zucht nicht akzeptiert.

Die FCI (Fédération Cynologique Internationale), eine Verbandkörperschaft der Rassehunde mit sehr vielen Mitgliedsländern (jedes Mitgliedsland hat einen eigenen der FCI angehörenden Verband, in Österreich der ÖKV, in Deutschland der VDH, in der Schweiz der SKG) legt im Standard für den Parson Russell Terrier bei Hündinnen eine Höhe von 33 cm und bei Rüden von

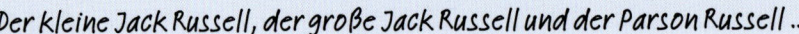
36 cm fest (ein Über- oder Untermaß von 2 cm wird in der Regel akzeptiert) und für den Jack Russell Terrier eine Schulterhöhe von 25 bis 30 cm.
Diese verschiedenen Vorgaben machen aus diesem Hund eine Rasse, deren Vertreter unterschiedlicher nicht sein können.

Kleinere Terrier in England sehen exakt so aus wie ihre größeren Kollegen, sie sind nur kleiner, aber nicht als niederläufig zu bezeichnen. Die Zuchtform ergab sich aus den verschiedenen Größen der Fuchsbaue in unterschiedlicher Struktur, zum Beispiel Baue im Felsengebiet oder im Sandgebiet.
Maßgeblich an der heutigen Form des kleinen Jack Russell Terriers war Australien beteiligt.
Als der Rotfuchs in Australien eingeführt wurde, entwickelte er sich zur allgemeinen Landplage. Die eingesetzten Foxterrier mit einer Schulterhöhe von um die 32 cm waren allerdings für die Jagd auf solche Füchse zu groß, da diese sich in den engen Kaninchenbauten ansiedelten. Es wurde kleinere Terrier benötigt, die exakt die Körperform eines Rotfuchses hatten.
So kamen auch Terrier aus den Linien von Jack Russell nach Australien. Die Rasse entwickelte sich durch eine nicht zu große Population und durch vermutlich einen hohen Grad an Inzucht. Grundlage der Zucht waren Hunde aus jagdlichen Linien. Australiens Bemühungen um die Anerkennung verdanken wir den heutigen Jack Russell Terrier.

Am 22. Januar 1990 wurde die Rasse schließlich unter dem Namen „Parson Jack Russell Terrier" vom englischen Kennel Club anerkannt. Am 2. Juli 1990 folgte die vorläufige Anerkennung durch die FCI. Elf Jahre später, im Jahr 2001, wurde die Rasse dann in „Parson Russell Terrier" umbenannt, um sie gegen den „Jack Russell Terrier" abzugrenzen, dessen Anerkennung 2003 erfolgte.

So schaut er aus und so ist er

Parson und Jack Russell Terrier sehen durch die verschiedenen Zuchtziele der Zuchtverbände natürlich auch sehr unterschiedlich aus. Es gibt Züchter, die importieren einen Hund aus Amerika, um ihn mit einem anderen Hund aus Österreich oder Deutschland anzupaaren. Durch die verschiedenen Zuchtlinien und Erbinformationen können die Welpen sehr unterschiedlich ausfallen: Der eine ist etwas höher, nicht mehr wirklich niederläufig, der andere ist zwar klein, hat aber lange Beine und nicht den gedrungenen Körper, wie man ihn sich bei einem niederläufigen Jack oft wünscht.
Wir haben die Erfahrung gemacht, dass die Jack Russell Terrier aus England oder auch Amerika dem unsrigen Parson Russell Terrier sehr ähnlich sind. Die Merkmale sind ziemlich dieselben. Der bei uns gezüchtete kleinere Jack Russell Terrier ist demzufolge den australischen Terriern eher ähnlich.

Auch wir wissen, dass der eigene Russell immer der Schönste und Beste ist, dass es Leute gibt, die sagen, mir ist der Standard eigentlich egal, Hauptsache mein Hund bleibt lange gesund und wird steinalt. Definitiv gibt es mehr Russell-Besitzer, die auf einen Standard pfeifen, als solche, die sich danach orientieren und punktgenau das zu erzüchten versuchen, was die Richter im Ring sehen wollen.

Trotzdem sollten Sie vielleicht einen Blick auf den Standard werfen. Auch wenn Sie nie eine Ausstellung besuchen werden, vergleichen Sie doch mal den gewünschten Standard mit Ihrem eigenen Russell zu Hause im Wohnzimmer. Das macht unermesslichen Spaß.

Der Parson Russell Terrier ist die hochläufige Variante.

FCI-Standard des Parson Russell Terriers FCI-Nr. 339

Klassifikation: Gruppe 3 – Terrier, Sektion 1 – Hochläufige Terrier. Mit Arbeitsprüfung

Herkunft: Großbritannien

Allgemeines Erscheinungsbild: Arbeitsfreudig, lebhaft, wendig; für Schnelligkeit und Ausdauer gebaut; Vermittelt einen allgemeinen Eindruck von Harmonie und Beweglichkeit; natürlich erworbene Narben sind zulässig.

Wichtige Proportionen: Harmonisch gebaut; die Gesamtlänge des Körpers ist geringfügig größer als die Höhe vom Widerrist zum Boden. Die Entfernung von der Nasenspitze zum Stopp ist ein wenig kürzer als die vom Stopp zum Hinterhauptbein.

Verhalten, Charakter (Wesen): Im Wesentlichen ein Gebrauchsterrier, mit der Fähigkeit und dem zur Arbeit im Bau und in der Jagdmeute geeigneten Körperbau. Unerschrocken und freundlich.

Kopf:

Oberkopf: Schädel flach, mäßig breit, zu den Augen hin allmählich schmäler werdend. Stopp flach.

Gesichtsschädel: Nase schwarz. Kräftige, muskulöse Kiefer. Perfektes, regelmäßiges und vollständiges Scherengebiss, wobei die obere Schneidezahnreihe ohne Zwischenraum über die untere greift und die Zähne senkrecht im Kiefer stehen. Augen mandelförmig, ziemlich tief liegend, dunkel, mit leidenschaftlichem und durchdringendem Ausdruck. Ohren klein, V-förmig, nach vorn fallend, dicht am Kopf getragen. Die Ohrspitze muss bis zum Augenwinkel reichen, die Falte nicht über dem höchsten Punkt des Schädels liegend. Der Ohrlappen ist mäßig dick.

Hals: Klar umrissen, muskulös, von guter Länge, sich zu den Schultern hin allmählich verstärkend.

Körper: Gut ausgewogen. Die Länge des Körpers ist geringfügig größer als die Höhe vom Widerrist zum Boden. Rücken kräftig und gerade; Lende leicht gewölbt; Brustkorb von mäßiger Tiefe, dabei nicht tiefer als bis zum Ellenbogen reichend, hinter den Schultern von zwei durchschnittlichen großen Händen zu umfassen (Spannbarkeit). Rippen nicht zu stark gewölbt.

Rute: Wurde früher üblicherweise kupiert. Unkupiert von mäßiger Länge und so gerade wie möglich, dick am Ansatz, sich zum Ende hin verjüngend. Mäßig hoch angesetzt, in der Bewegung hoch aufgerichtet getragen, kann in Ruhestellung etwas tiefer getragen werden.

Gliedmaßen:

Vorderhand: Kräftige Läufe, die gerade sein müssen, mit Gelenken, die weder nach innen, noch nach außen drehen. Schultern lang und schräg, gut zurückliegend, klar umrissen am Widerrist; Ellenbogen am Körper anliegend, an den Seiten frei beweglich.

Hinterhand: Kräftig, muskulös, mit guter Winkelung; Kniegelenk gut gewinkelt; Sprunggelenk tief angesetzt; Hintermittelfuß parallel, erzeugt viel Schub.

Pfoten: Kompakt mit festen Ballen, weder nach innen, noch nach außen gedreht.

Gangwerk/Bewegung: Frei ausgreifend, ausgeglichen, gerade im Kommen und Gehen.

Haut: Muss dicht sein und locker anliegen.

Haarkleid: Von Natur aus harsch, anliegend und dicht, gleichgültig, ob rauhaarig oder glatt, Bauch und Unterseite behaart.

Farbe: Vollständig weiß oder vorwiegend weiß mit lohfarbenen, gelben oder schwarzen Abzeichen oder jede Kombination dieser Farben, vorzugsweise beschränkt auf Kopf und/oder auf den Ansatz der Rute.

Größe: Rüden ideale Widerristhöhe 36 cm; Hündinnen ideale Widerristhöhe 33 cm. Ein Über- oder Untermaß von 2 cm ist akzeptabel.

Fehler: Jede Abweichung von den vorgenannten Punkten sollte als Fehler angesehen werden, dessen Bewertung in genauem Verhältnis zum Grad der Abweichung stehen sollte.

N.B: Rüden sollen zwei offensichtlich normal entwickelte Hoden aufweisen, die sich vollständig im Hodensack befinden.

Dies ist ein typischer Vertreter der kurzbeinigen Jack Russell Terrier.

FCI-Standard Jack Russell Terrier FCI-Nr. 345

Klassifikation: Gruppe 3 – Terrier, Sektion 2 – Niederläufige Terrier. Mit Arbeitsprüfung

Herkunft: Großbritannien

Entwicklung: Australien

Allgemeines Erscheinungsbild: Ein kräftiger, lebhafter und geschmeidiger Arbeitsterrier mit gutem Charakter und beweglichem, mittellangem Gebäude.

Seine flinken Bewegungen unterstreichen seinen durchdringenden, eifrigen Ausdruck. Das Kupieren der Rute ist freigestellt; er kann glatt-, rau- oder stichelhaarig sein.

Wichtige Proportionen: Der Hund ist insgesamt länger als hoch. Die Tiefe des Körpers vom Widerrist bis zur Unterseite des vorderen Brustkorbs sollte gleich der Länge der Vorderläufe vom Ellenbogen bis zum Boden sein. Der Umfang des Brustkorbs unmittelbar hinter den Ellenbogen sollte etwa 40 bis 43 cm betragen.

Verhalten/Charakter (Wesen): Ein lebhafter, wachsamer, aktiver Terrier mit durchdringendem, intelligentem Ausdruck. Kühn und furchtlos, freundlich mit ruhigem Selbstvertrauen.

Kopf:

Oberkopf: Der Schädel sollte flach und mäßig breit sein, allmählich zu den Augen hin schmaler werden und sich zu einem breiten Vorgesicht verjüngen. Stopp gut ausgeprägt, aber nicht zu stark betont.

Gesichtsschädel: Nasenschwamm schwarz. Die Länge des Fangs vom Stopp bis zur Nase sollte etwas kürzer sein als die vom Stopp zum Hinterhauptstachel. Lefzen straff anliegend und schwarz pigmentiert. Kiefer/Zähne sehr stark, tief, breit und kraftvoll. Kräftige Zähne mit Scherenschluss. Augen klein, dunkel, mit durchdringendem Ausdruck. Dürfen keinesfalls vorstehen und die Augenlider sollten straff anliegen. Die Lidränder sollten schwarz pigmentiert sein; mandelförmig. Sehr bewegliche Knopf- oder Hängeohren von guter Textur des Ohrleders. Backenmuskulatur gut entwickelt.

Hals: Kräftig und klar umrissen, den Kopf in aufrechter Haltung tragend.

Körper: Rechteckig. Rücken gerade. Die Länge vom Widerrist bis zum Rutenansatz übertrifft etwas die Widerristhöhe. Lendenpartie kurz, kräftig und bis tief hinunter ausgeprägt bemuskelt. Brust eher tief als breit, mit gutem Bodenabstand, wobei das Brustbein sich in der Mitte zwischen dem Boden und dem Widerrist befindet. Die Rippen sollten am Ansatz der Wirbelsäule gut gewölbt sein und zu den Seiten hin flacher werden, sodass der Brustkorb hinter den Ellenbogen mit zwei Händen umspannt werden kann – im Umfang ungefähr 40 bis 43 cm (Spannbarkeit). Die Brustbeinspitze ist deutlich vor dem Buggelenk platziert.

Rute: Darf in der Ruhe herabhängen, sollte in der Bewegung aufrecht getragen werden. Wenn kupiert, reicht die Rutenspitze bis zur Höhe der Ohren.

Gliedmaßen:

Vorderhand: Schultern gut zurückliegend, nicht mit Muskeln überladen. Gerade Knochen von den Ellenbogen bis zu den Zehen, sowohl von vorn als auch von der Seite gesehen. Oberarm von angemessener Länge und Winkelung, sodass die Ellenbogen gut unter dem Körper platziert sind.

Hinterhand: Kräftig und muskulös, in ausgewogenem Verhältnis zu den Schultern stehend. Kniegelenk gut gewinkelt. Hintermittelfuß im freien Stand von hinten gesehen parallel. Sprunggelenk tief stehend.

Pfoten: Rund, mit harten Ballen, nicht groß, mäßig gewölbte Zehen; weder nach innen noch nach außen gestellt.

Gangwerk/Bewegung: Geradlinig, frei und federnd.

Haarkleid: Kann glatt-, rau- oder stichelhaarig sein. Muss wetterfest sein. Das Haar sollte nicht verändert (gezupft) werden, um es glatt- oder stichelhaarig wirken zu lassen.

Farbe: Weiß muss vorherrschen, mit schwarzen und/oder lohfarbenen Abzeichen in allen Schattierungen, vom hellsten bis hin zum sattesten Loh (Kastanienbraun).

Größe und Gewicht:
Ideale Widerristhöhe 25 bis 30 cm. Gewicht jeweils 1 kg pro 5 cm Widerristhöhe, das heißt, ein 25 cm großer Hund sollte etwa 5 kg wiegen und ein 30 cm großer Hund 6 kg.

Fehler: Jede Abweichung von den vorgenannten Punkten sollte als Fehler angesehen werden, dessen Bewertung in genauem Verhältnis zum Grad der Abweichung stehen sollte und dessen Einfluss hinsichtlich Gesundheit und Wohlbefinden des Hundes. Nachfolgend genannte Mängel sollten jedoch besonders geahndet werden:
- Mangel an typischen Terrier-Eigenschaften
- Mangel an Harmonie, das heißt übertriebene Ausprägung irgendwelcher Merkmale
- kraftlose oder fehlerhafte Bewegung
- fehlerhaftes Gebiss

Hunde, die deutlich physische Anomalitäten oder Verhaltensstörungen aufweisen, müssen disqualifiziert werden.

N.B.: Rüden müssen zwei offensichtlich normal entwickelte Hoden aufweisen, die sich vollständig im Skrotum befinden.

Dass viele Jack und Parson Russell Terrier, denen man begegnet, mit diesem Standard oft wenig bis nichts zu tun haben, liegt daran, dass es viele kleine Zuchtvereine gibt, die die Welpen ebenfalls mit Papieren versehen, sich aber sehr oft nach den Wünschen der Züchter richten, die sich wiederum nach den Wünschen der Welpenkäufer orientieren. Zudem ist das Richten nach dem Standard ein reines Lotteriespiel. Unsere Erfahrung hat gezeigt, dass ein Russell, der bei der einen Ausstellung gewonnen hat, bei der nächsten vielleicht nur im Mittelfeld mitschwimmt.

Jeder Richter hat seine eigene persönliche Vorstellung von dem Rassehund, den er richtet. Was dem einen sehr gut gefällt, muss dem nächsten nicht auch gut fallen.

Ich persönlich habe gelernt, keinen Parson oder Jack Russell zu verurteilen, weil er vielleicht ein anderes Papier oder gar keine Papiere hat oder vielleicht nicht ganz reinrassig ist. Wenn dieser Hund in seine Familie passt und wenn alle gut miteinander auskommen, dann ist es der perfekte Hund.

Die verschiedenen Fellarten

Zu unterscheiden sind auch noch die verschiedenen Fellbeschaffenheiten.

- **Kurzhaarig:** Es gibt Parson und Jack Russell Terrier mit kurzhaarigem Fell, wobei die Besitzer oft kein Problem damit haben, wenn das Fell nicht hart ist, sondern sich weich anfassen lässt.
- **Broken-Coated:** Fell, das als Broken-Coated bezeichnet wird, ist nicht ganz kurz und nicht ganz rau. Manchmal wird dieses Haar auch Stockhaar genannt. Es ist füllig, außen rau und nicht zu lang mit dichter Unterwolle.

Rauhaarig: Das Fell ist länger und fühlt sich rau an. Dabei sollte man Rauhaar nicht mit Langhaar verwechseln. Die Hunde sehen bürstig aus, wobei das Fell des Parsons weniger lang ist als das eines Jacks. Dieses Fell bedarf etwas mehr Pflege, damit der Hund nicht zu struppig ausschaut. Sehr oft werden rauhaarige Russells geschoren, um die Pflege zu erleichtern, manchmal auch stark gezupft, um es zu kürzen. Laut Standard ist dies aber nicht gestattet. Hundebesitzer bezeichnen die struppigen Hunde gern als frecher.

Der kupierte Russell

Unter Kupieren versteht man das Abschneiden von Schwanzgliedern oder das Kürzen von Ohren bei Hunden. Auch das Enthornen von Rindern, das

Rauhaarige oder kurzhaarig – sowohl Parson als auch Jack Russell Terrier gibt es in beiden Ausführungen.

Abschneiden vom Schwanz bei Mastschweinen oder das Kürzen des Schnabels bei Geflügel gilt als Kupieren.

Beim Russell wurde und wird teilweise, je nach Land und Kontinent, die Rute auch heute noch kupiert. In Deutschland ist das Kupieren bei jagdlich geführten Hunden in Ausnahmefällen heute noch erlaubt, ebenso generell in den USA. In Österreich und zahlreichen anderen europäischen Ländern gilt das Kupierverbot für alle Rassen und wird auch entsprechend eingehalten. Russell Terrier haben unkupiert eine gerade, sichelförmige Rute, die in der Ruhe herabhängen darf, aber in der Bewegung aufrecht getragen wird. Manchmal ist die Rute geringelt, was aber laut Standard nicht erwünscht ist.

Es ist heute durchaus üblich, dass die Russell Terrier eine lange Rute besitzen. Allerdings kommen auch Russells auf die Welt, die generell keine Rute haben beziehungsweise mit einer verkürzten Rute geboren werden. Dieses Phänomen nennt man Brachyurie und gilt nicht als kupiert.

Stummelschwänzigkeit vererbt sich rezessiv und kann sich nur weitervererben, wenn beide Elterntiere diese Erbinformation tragen. Daher kann es durchaus passieren, dass ein Welpe zur Welt kommt, der kein oder nur ein kleines Schwänzchen besitzt, auch wenn beide Elterntiere eine lange Rute haben.

Wir persönlich sind der Meinung, dass jeder Hund natürliche Ohren und auch einen natürlichen Schwanz haben sollte. Hat ihm die Natur keinen gegeben,

Dieser kleine Russel wurde nicht kupiert, sondern besitzt einen angeborenen Stummelschwanz. Heute werden nur noch selten Russell Terrier mit kurzer Rute geboren, da diese Erbinformation allmählich verloren geht.

ist das für uns okay, aber wir würden ihn nicht abschneiden.

Nachdem der Russell einen richtig frechen Pinsel haben kann, der durchaus zu seinem Wesen passt und der auch nicht unnatürlich dünn ist und somit empfindlich für Verletzungen ist, sehen wir auch keine Veranlassung, das Kupieren der Rute zu befürworten.

Vom Jäger zum Begleiter

Parson und Jack Russell Terrier sind Jagdhunde. Allerdings hat sich die Verwendung dieser Terrier in letzter Zeit stark verändert. Es wird kaum noch geduldet, dass ein Hund im Wald ohne Leine läuft, weswegen

die meisten Hunde angeleint anzutreffen sind. Will man ihn dennoch von der Leine lassen, wird ein ausgeprägtes Jagdverhalten nicht unbedingt gewünscht. Wer seinen Parson oder Jack Russell wirklich für die Jagd verwenden möchte, sollte sich einen Züchter suchen, der sich auf Hunde der Jagdlinien spezialisiert hat.

Die meisten Russells werden aber mittlerweile als Familienhunde gehalten. Und bei vielen Reitern ist der Jacki zum beliebten Reitbegleithund geworden. Daher werde ich hier nicht weiter auf den jagdlichen Einsatz dieser Hunde eingehen. Wer sich darüber informieren möchte, wendet sich am besten an einen Züchter oder Verband, der sich um den jagdlichen Einsatz der Russell Terrier kümmert.

Jene Menschen, die aus unserer Zucht Russell Terrier kauften, suchten meist ein neues Familienmitglied, einen lustigen, kleinen Begleiter, bestückt mit Witz, Humor und Intelligenz. Bei über zehn Jahren Jack-Russell-Zucht hat sich bisher nur ein einziger Jäger für einen Jack interessiert. Dieser suchte allerdings mehr einen Fährtenhund und keinen Bauhund. Jacks sind keine Stöberer und auch die Jagdfährte ist ihnen nicht wirklich auf den Leib geschnitten, weswegen ich damals den Herrn an eine andere Rasse verwies. Heutzutage werden Parson und Jack Russell Terrier aber häufig im Hundesport verwendet. Der Hund ist zum Hobby und zum Bewegungstherapeuten geworden. Wer ihn nicht nur als alltäglichen Begleiter hält, sondern etwas mehr tun möchte, ist auf einem Hun-

deplatz gut aufgehoben. Es gibt verschiedene Sportarten, in der sich so ein Hund wohlfühlt. Dazu später mehr. Die Ausbildung für den Grundgehorsam mit abschließender Begleithundprüfung gehört für viele Russel-Fans heute auch schon dazu.

Jeder Hund hat seine eigenen Stärken und Schwächen. Und dank seines Temperaments, seiner Cleverness, seiner Schnelligkeit, seiner hohen Auffassungsgabe und seines Drangs, überall mitmachen zu wollen, sind besonders die Jackis, aber auch viele Parson Russell Terrier heute mehr Sportler und Begleiter als Jäger.

Der Jagdtrieb ist bei vielen Russell Terriern noch erhalten geblieben.

Die häufigsten Vorurteile

Manchmal hört man Aussagen wie zum Beispiel: „Ein Jack oder Parson Russell Terrier ist eine hyperaktive, ständig zu kontrollierende, alles zerstörende Kampfmaschine." Stimmt das wirklich?

Es steht außer Frage, dass dieser Hund kein Couch-Potatoe ist, sondern munter und fröhlich am Leben seines Menschen teilhaben möchte. Er liebt es zu laufen, zu springen, zu rennen und teilt sich seinem Menschen nicht selten mit einem lauten Organ mit, was ihm den Ruf, ein Kläffer zu sein, bereits eingehandelt hat. Parson und Jack Russell Terrier sind keine gemütlichen, ruhigen und stillen Hunde. Wenn Sie so etwas suchen, dann sollten Sie sich für eine andere Rasse entscheiden.

Temperamentvoll heißt nicht hyperaktiv

Es trifft aber nicht zu, dass man mit einem Parson oder Jack fünf Stunden am Tag rennen, laufen und arbeiten muss, um ihn überhaupt kontrollieren zu können. Diese Hunde können ebenso sanft, faul und gemütlich auf der Couch rumliegen und den Tag vorbeiziehen lassen.

Aber woher kommen diese Meinungen, ein Russell wäre eine verrückte Knalltüte, die nur mit eiserner Erziehung, Beschäftigung und einem unmöglichen Bewegungspensum zu kontrollieren ist?

Definitiv wurden mir Jacks vorgestellt, die genau dieser Vorstellung entsprachen: an der Leine nicht zu

bremsende, keifende, herumspringende, in der Wohnung unkontrollierbare Rabauken, die die Nerven ihrer Familie im übermäßigen Quantum strapazierten. Wenn dann Tiertrainer und Psychologen auch noch versagen, wird der Hund als nicht erziehbares, hyperaktives, mit einem Dachschaden ausgestattetes Wesen abgestempelt.

Als Züchter lasse ich mir solche angeblich unvollkommenen Jack Russell Terrier immer gern zeigen. Meist wurde mir ein bewegungshungriger, unerzogener, aber lebensfroher Banause vorgestellt, der seine ganz eigene Vorstellung vom Dasein hatte und auf dessen Bedürfnisse man nie eingegangen war, zumal die Halter von solchen „Problemjacks" meist noch nicht mal wussten, dass ein Hund gewisse hündische Bedürfnisse hat.

Ebenso ist mir oft aufgefallen, dass manche Menschen von ihrem Hund mehr menschliches Denken verlangten, als er haben konnte, ihn also schlicht mit menschlichen Dingen überforderten. Dazu war es unmöglich, sich dem Hund mitzuteilen, und man ließ ihn deshalb nach Belieben gewähren, was ein sorgloses Miteinander mit einem Jack oder Parson Russell unmöglich macht.

Der Zeitfaktor

Menschen suchen sich Hunde sehr gern nach ihrem Aussehen aus. Der Hund ist klein, putzig, lieb, also muss er doch passen. Oder man sucht ein Spielzeug

Dieser Russell war schon von klein auf sehr mutig und hat sich später zu einer sehr großen Persönlichkeit entwickelt.

für das Kind oder einen Schoßhund oder einfach einen Hund!

Alle Welpen sind klein, süß und lieb, aber Russells gehören weder zu Schoßhunden noch sind sie einfach nur ein Hund und schon gar kein Spielzeug für Kinder. Ebenso bekomme ich als Züchter Magengeschwüre, aufgedrehte Zehennägel, Zahnschmerzen und leichte Tendenzen zum gefühlsmäßigen Amokläufer, wenn mich Menschen fragen, ob der Hund „eh aufs Kisterl geht"? Zur Erklärung: Katzen gehen aufs Kisterl. Hunde sollten lernen, ihr Geschäft draußen zu erledigen. Hat man keine Zeit dazu, da man täglich neun Stunden in der Arbeit verweilt, oder ist es einem zu mühsam, vom fünften Stock aus der Großstadtwohnung mit dem Hund nach unten zu laufen, wo man doch den Haufen wieder wegputzen muss, dann sollte man sich vielleicht doch einen batteriebetriebenen Pipi-Max kaufen, der nur dann frisst, pinkelt und bellt, wenn man den Einschaltknopf auf „an" gedrückt hat. Es gibt sie sogar in der Ausfertigung eines Jack Russell Terriers.

Nein, die Leute meinen das oft noch nicht einmal böse. Aber in der heutigen Gesellschaft, in der es immer schwieriger wird, mit einem Hund unter artgerechten Bedingungen draußen herumzubalgen, versuchen die Menschen sehr fragwürdige Alternativen zu finden.

Zudem sind heutzutage, im Zeitalter von Internet, Game Boy oder Playstation, die Leute oft nicht mehr bereit, ihre Freizeit draußen an der frischen Luft zu verbringen, was aber mit einem Hund unumgänglich ist.

Und da liegen die meisten Probleme mit einem Russell. Jacks und Parsons sind nicht dafür gemacht, stundenlang in der Wohnung auf den Besitzer zu warten, bis der vielleicht von der Arbeit kommt und dann kaum eine halbe Stunde Zeit für den Hund aufbringen kann. Es ist auch nicht unbedingt artgerecht, den Hund nur noch an der Leine, vielleicht auch noch mit Beißkorb versehen, durch die Stadt zu führen, wo er mit einer immensen Anzahl an technischen Reizen und wirklich nicht unbedingt natürlichen Gerüchen überflutet wird, mit denen er sich abfinden muss.

Nichts für Stubenhocker

Hunde im Allgemeinen, auch Russells, können sich sehr gut anpassen, über vieles hinwegsehen und ihre natürlichen Bedürfnisse auf ein Minimum beschränken. Aber wenn man ihnen das übrig gebliebene Bisschen auch noch verweigert, dann darf man sich nicht wundern, wenn aus dem so lieben Hundewelpen ein alles zerstörendes Kampfkrokodil wird, das so ziemlich alles an nicht erwünschtem Verhalten aus der Klamottenkiste holt, was man sich nur vorstellen kann. Russell Terrier sind neugierig. Gerade als Welpe wollen sie alles entdecken, versuchen, probieren, annagen, kosten und lernen, was gut und was vielleicht nicht ganz so gut für sie ist. Sie sind lebhaft, wollen laufen und rennen, springen und hüpfen, herumtollen

Russell Terrier sind sehr aktiv und arbeitsfreudig – das sollte man unbedingt berücksichtigen, wenn man sich für diese Hunde entscheidet.

und mit ihrem Menschen nach Herzenslust spielen. Es sollte einem klar sein, dass man sich einiges ausdenken muss, um die Bewegungsfreude des Hundes zu befriedigen. Dazu bietet sich Radfahren, Skaten, Joggen, Wandern, Walken genauso wie das Spielen mit anderen Hunden an. Bringspiele mit dem Ball, Wurfseilen oder anderen Utensilien werden mit Begeisterung angenommen. Und für diese Dinge ist keine große Hundeausbildung notwendig. Man kommt mit recht wenig aus und der Hund kann einer körperlichen Betätigung nachkommen, die er unbedingt braucht.

Wird der Hund nur morgens Gassi geführt, ist dann gezwungen, bis zu neun Stunden zu warten, um dann nochmals Gassi geführt zu werden, ist das sehr mager. Beschränkt sich seine Beschäftigung am Sonntag dann auch nur auf höchstens eine halbe Stunde Spazierengehen, ist das definitiv zu wenig.

Hat man nicht die Zeit dazu, dann ist der Hund nicht der richtige Neuzugang der Familie.

Ein Russell ist liebenswürdig, hochintelligent und eine Bereicherung für jede Familie, die weiß, dass auch so ein Hund Grundbedürfnisse hat.

Alle Russells sind wachsam, mutig und verwegen, manchmal stimmlich auch sehr lautstark, was man mitberücksichtigen sollte, falls man Nachbarn hat, die sich vielleicht gestört fühlen könnten. Kinder und Hunde neigen dazu, viel Lärm zu machen, wenn es um den Spaßfaktor geht. Kinder und Russells gemeinsam könnten dem Ganzen noch eins draufsetzen, was nicht immer zur Freude der Mitbevölkerung ist.

Jack Russell und Parson Russell Terrier sind keine unkontrollierbaren, hyperaktiven Springbälle, die man nicht bremsen kann. Deshalb sollte man sich vor der Anschaffung eines Russells überlegen, ob man ihm die Freiheiten geben kann, die er benötigt, und ihm auch jene Grenzen stecken kann, die in unserer Gesellschaft notwendig sind. Bin ich bereit, auch die unschönen Dinge des Hundedaseins zu ertragen? Zerbissene Schuhe, zerkaute Teppiche, angenagte Möbel, ein Häufchen am Teppich, Pipi auf dem Boden, ein zerfetzter Blumenstock mit systematisch ausgeräumtem Topf, Hundesuche im Wohnviertel oder im Wald, eine zerbissene Maus im Vorzimmer, Beschwerde des Nachbars wegen Hundegebell, ausgebuddelte Rosenstöcke und vieles mehr.

Die Liste lässt sich beliebig fortführen, denn kaum ein Russell-Besitzer wird nicht von irgendwelchen Dingen berichten können, die sein Hund angestellt hat – und das mit einem lachenden und einem weinenden Auge. Aber diese Hunde entschädigen alles mit den schönen Stunden, die man in Harmonie mit ihnen zusammen lebt.

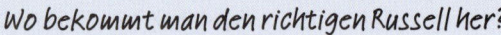

Wo bekommt man den richtigen Russell her?

Hurra, nun haben Sie sich entschlossen: Sie wollen einen Jack Russell Terrier oder vielleicht die höhere Variante, den Parson Russell Terrier, haben. Nachdem sich auch viele Russell-Besitzer bei mir melden, die keinen Hund von mir haben, spricht man natürlich darüber, wo der Hund denn gekauft worden ist. Und diese Geschichten sind manchmal recht eigenartig. In sämtlichen Tierschutzzeitungen, bei Tierschutzorganisationen und in Tierheimen kann man es immer wieder lesen: „Augen auf, beim Hundekauf." Lediglich die Interessenten wissen nicht, worauf sie achten sollen oder müssen. Manche tun es auch bewusst nicht, denn kaum haben sie so einen süßen, kleinen, japsenden Russell-Welpen in Händen, vergessen sie alle Vorsicht, sollte jemals eine vorhanden gewesen sein. Tierschützer warnen auch zu Recht immer wieder vor Massenzüchtern, Hundeimporten aus Ostblockstaaten, den Kofferraumverkäufen und unseriösen Hundehändlern. Aber woran erkennt man einen Massenzüchter, einen unseriösen Händler oder einen unehrlichen Züchter?

Hat ein Züchter mehr als ein oder zwei Hunderassen in der Zucht, gilt er in Tierschutzkreisen schon als Massenzüchter. Aus Erfahrung, da wir selbst hin und wieder auf Welpensuche sind, wissen wir, dass es selbst bei Züchtern einer einzigen Rasse katastrophale Zustände geben kann. Andersherum haben wir schon richtig schöne Zuchtstätten gesehen bei Menschen, die drei oder gar vier Rassen züchten.

Wir selbst haben für einen normalen Menschen eine unüberschaubare Anzahl von Hunden. Kaum einer versteht, wie man mit 15 Hunden leben kann. Erlebt dieser jemand unser Rudel und uns live, beginnt er zu begreifen, dass es doch geht. Diese Leute sehen, dass unser Mensch-Hund-Rudel in einer gewissen Struktur lebt, in der es weder Zwinger noch Käfige gibt, aber eine deutliche Hierarchie herrscht. Das, was für andere unüberschaubar ist, ist für uns normaler Alltag und Gewohnheit, weswegen ich keinen mehr verurteile, der mehr Hunde hält als die üblichen zwei, drei oder vier.

Aber wie sieht dann ein unseriöser oder unehrlicher Züchter aus? Unseriösität beziehungsweise Unehrlichkeit steht solchen Personen ja nicht unbedingt ins Gesicht geschrieben.

Unehrlich sind Leute, die einen Rassehund verkaufen, der in Wahrheit ein Mischling ist. Unehrlich sind solche, die einen Welpen als geimpft und entwurmt verkaufen, versprechen, den Impfpass nachzuschicken, und nie wieder von sich hören lassen.

Aber es gibt noch eine Reihe von Hinweisen, ob ich an einen Züchter geraten bin, der sich wirklich um seine

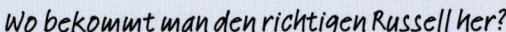

Welpen kümmert oder seine Hunde nur als Mittel zum Zweck benutzt. Aber da muss man schon ganz genau hinsehen.

Mit Papieren oder doch lieber ohne?

Was wollen Sie nun, einen Russell mit Papieren oder lieber einen ohne? Um jetzt sämtliche Vorurteile auszuräumen: Es gibt hübsche Russells aus Zuchten, die einem Verband angehören und die Welpen mit Papieren verkaufen. Es gibt aber auch wirklich bildhübsche Russells, die keine Papiere haben, und trotzdem einem Russell, egal ob hochläufig oder niederläufig, um nichts nachstehen. Und es gibt interessante Mischungen mit Russells, die so viel vom Original haben, dass man sie fast als reinrassig bezeichnen könnte. Natürlich gibt es auch die mit den kleinen optischen Fehlern. Aber die sind mit Sicherheit nicht schlechter als ihre reinrassigen Kollegen, die Papiere haben und aus einer Championatszucht stammen.

Dennoch sollte man sich genau überlegen, ob man nicht doch einem Hund mit Papieren den Vorzug gibt. Die Papiere bescheinigen die Rassereinheit Ihres Hundes (Sie kaufen einen Russell und keinen Dackel), beinhalten die Daten Ihres Hundes (Zwingername, Geburtsdatum, Farbe, Haarart, Typ, Zuchtbuchnummer, Chipnummer, eventuell Angaben zu Geschwistern und Züchter) und Daten zu den Ahnen des von Ihnen gekauften Hundes, meist unterteilt in drei oder vier Generationen.

Züchter, die über einen Verband oder Verein züchten, erhalten diese Ahnentafeln für ihre Welpen, wenn sie gewisse Pflichten erfüllt haben. Diese Pflichten sind von Verein zu Verein sehr unterschiedlich und in der Zuchtbuchordnung nachzulesen. Meist sind es Untersuchungen, um gewisse Erbkrankheiten auszuschließen, und Ausstellungsergebnisse, um einen einheitlichen Typ zu erzüchten.

Nicht selten werden Russell-Welpen ohne Papiere als reinrassig angeboten. Ob sie wirklich reinrassig sind, kann man nicht überprüfen. Ist dann der erwachsene Hund ein Mix aus Dackel und Russell, wird man das zwar merken und sich ärgern, aber vermutlich den Hund trotzdem nicht mehr hergeben, weil man ihn lieb gewonnen hat.

Die Ahnentafel garantiert zumindest die Rassereinheit und man weiß, dass der gekaufte Hund wirklich ein Jack oder ein Parson Russell Terrier ist.

Die Frage, welcher Hund nun gesünder ist, ob der mit oder der ohne Papiere, ist eine Frage, die man sich wohl noch in ferner Zukunft stellen wird. Früher bezeichnete man Mischlinge als gesünder mit der Begründung, sie wären nicht so überzüchtet. Heute sagt man immer öfter, ein Hund mit Papieren ist gesünder, denn der Hund ohne Papiere ist wild gezüchtet. Stimmen tut eigentlich beides. Aus eigener Erfahrung wissen wir, dass Russells mit Papieren ebenso krank wie auch gesund und steinalt werden können. Das

Gleiche gilt für Russells ohne Papiere und die zufälligen Mischungen. Beweise für die eine oder andere Theorie gibt es nicht.

Es kommt darauf an, was der Züchter daraus macht. Es gibt keine Garantie, dass genau Ihr Russell nie oder selten krank wird. Allerdings kann der Züchter etwas daran schrauben. Manche Züchter befürworten das Outcrossing – das bedeutet Auszucht, womit die

Ob ein Russell wirklich reinrassig ist, darüber kann nur die Ahnentafel Auskunft geben.

Verpaarung von Hunden, die nicht miteinander verwandt sind, gemeint ist –, während andere Züchter Verfechter von Linien- und Inzucht sind. Beides hat seine Vor- und Nachteile. Allerdings ist ein Zuviel an Linien- und Inzucht auf Dauer für keine Rasse zuträglich, weswegen es in den verschiedensten Rassen mehr oder minder schwere Erbkrankheiten gibt, mit denen sich dann die Besitzer der Welpen, sollte so eine Krankheit zum Ausbruch kommen, herumschlagen müssen.

Bei einem Hund ohne Papiere ist meistens die Inzucht beziehungsweise rassetypische Zucht kaum ein Thema. Man hat eine niedliche, süße Russell-Hündin, lässt sie von einem hübschen Russell-Rüden decken und nach zwei Monaten erblicken kleine Russells das Licht der Welt. Keiner weiß was von Inzucht, Erbkrankheiten oder sonstigen Sachen, da man sich darüber keine Gedanken gemacht hat. Oft haben solche Hunde eine weit höhere Genvielfalt, da diese Zufallszüchter an keine Regeln gebunden sind. Nicht selten sind solche Hunde auch gesünder, widerstandsfähiger und werden älter als ihre Kollegen mit Papieren. Das ist aber nicht immer der Fall, denn es gibt Leute, die haben zwei Russells, verpaaren diese miteinander und behalten sich aus diesem Wurf wieder eine Hündin, die dann wieder vom Vater gedeckt wird. Wird aus diesem Wurf dann auch wieder eine Hündin behalten, die dann auch wieder von ihrem Vater gedeckt wird, wären wir bei einem Massenvermehrer, der vermutlich noch nicht mal weiß, was Inzest ist und welche Folgen

diese sogenannte Zucht haben kann. Kontrolle gab es nie und der „Kunde" glaubt, einen lieben, kleinen, gesunden Russell meist um ganz billiges Geld gekauft zu haben.

Züchter, die Welpen mit Papieren verkaufen, haben in der Regel schon Ahnung von dem, was sie tun. Linien- und Inzucht sind aber auch hier ein Thema, an das bewusst herangegangen wird, weil entweder dank zu geringer Population kein Fremdblut mehr vorhanden ist oder die Belegung mit einem bestimmten Rüden nicht genehmigt wird.

Fazit

Sie können einen Parson oder Jack Russell Terrier mit Papieren erhalten, der wirklich ein gesunder, munterer Hund ist und das bis ins hohe Alter hinein bleibt, oder auch einen erwischen, der seiner Umwelt nicht ganz so viel Robustheit entgegensetzen kann. Das Gleiche gilt aber auch für einen Hund ohne Papiere. Bei einem Parson oder Jack Russell Terrier mit Papieren können Sie jedoch sicher sein, dass er das ist, was sie kaufen: wirklich ein Russell und keine Zufallsmischung, die vielleicht so ausschaut. Sie können sich sicher sein, dass hinsichtlich der Zucht einiges unternommen worden ist, um gesunde Welpen heranzuziehen, was bei einer Zufallsmischung nicht der Fall ist. Und Sie können sich sicher sein, dass es sich um keine Mutter-Sohn-Verpaarung handelt, da dies überprüfbar ist, was bei einem Hund ohne Papiere nicht zu überprüfen ist.

Den richtigen Züchter finden

Wie erkennen Sie aber nun, ob der Züchter, den Sie gefunden haben, auch einen gesunden Hund abgibt, kein Importeur ist beziehungsweise seine Hunde ordentlich und artgerecht hält?

Sie werden vermutlich Ihren PC gequält und die Zeitungen nach Anzeigen durchwühlt haben, um endlich Ihren Russell Terrier zu finden. Vielleicht sind Sie irgendwo auf ein paar Anzeigen gestoßen, wissen aber jetzt nicht weiter.

Zuerst sollten Sie sich im Klaren sein, was Sie genau wollen: Rüde oder Hündin, viel Farbe oder wenig, mit Papier oder ohne, langbeinig oder niederläufig.

Was aber jeder Welpe haben sollte, ob mit oder ohne Papiere, ist ein Impfpass mit gültiger Impfung. Er sollte gechipt und mehrmals entwurmt worden sein. Bietet jemand Ihnen einen Hund ohne all dieses an, dann lassen Sie lieber die Finger davon.

Erste Kontaktaufnahme

So, nun haben Sie etwas gefunden? Logischerweise greifen Sie zuerst zum Telefon. Sie wollen mit dem Züchter sprechen. Anhand dieses Telefonats werden Sie entscheiden, ob Sie den Züchter, der meist nicht um die Ecke wohnt, aufsuchen werden. Denn im ersten Telefonat können Sie schon sehr viel erfahren. Verläuft das Telefonat freundlich, ist der Züchter auskunftsfreudig, hat er die Hündin und vielleicht auch den Rüden bei sich, kennt er sich mit der Rasse aus,

fragt er auch Sie nach den Beweggründen, warum Sie einen Russell möchten, ein wenig nach Ihrer Familie und Ihrem Lebensstand, ohne indiskret zu werden? Gibt es eine Homepage von dem Züchter? Das ist heutzutage sehr wichtig. Lassen Sie sich Bilder der Welpen schicken, vielleicht auch von den Eltern. Denn ohne Internet, Homepage und Bilder ist es schwer,

Gesunde und aktive Welpen in einem gepflegten Umfeld – so soll es sein.

den Züchter einzuordnen, weswegen man sich dieses Mediums bedienen sollte.

Schauen Sie sich auf den Bildern aber nicht nur die Welpen, sondern auch das Umfeld an. Wie sieht es aus, sind die Bilder hübsch gemacht oder ist einfach nur hingeknipst worden. Ist das Umfeld schmuddelig oder sauber?

Es wird immer wieder geraten, öfter zum Züchter zu fahren, um sich seine Welpen mehrmals anzusehen. Wohnt man aber sehr weit weg, wird man nicht zigmal hin- und herfahren.

Fragen Sie den Züchter alles Erdenkliche, was Ihnen durch den Kopf geht. Wie zieht er die Welpen groß? Was wird gefüttert? Was bekommen Sie mit?

Die meisten Züchter mit Hirn und Verstand geben Futtermittel mit und haben kleine Infoblätter für Sie bereitgelegt, die Ihnen über die erste Zeit hinweghelfen sollen. Der Züchter kann Ihnen Rat geben, wie Sie in der ersten Zeit mit Ihrem Welpen klarkommen, weil er Ihnen vielleicht den Tagesablauf seinerseits erzählt. Darf man die Mutterhündin sehen? Kann man die Wurfstätte besichtigen?

Ist der Züchter kurz angebunden, reagiert er lästig auf Ihre Fragerei, hat er weder eine Homepage noch ist er bereit, Ihnen Bilder des Wurfes zu schicken, will er Ihnen mit einem Vorwand die Hündin vorenthalten, dürfen Sie die Wurfstätte nicht besichtigen und haben Sie auch das Gefühl, dass nicht ganz klar ist, ob der Hund geimpft, entwurmt und gechippt ist? Dann lassen Sie bitte die Finger davon.

Der erste Besuch

Sind Sie so weit, dass Sie den Züchter besuchen wollen, dann seien Sie auch darauf vorbereitet, „Nein" zu sagen. Die Zuchtstätte soll sauber sein, egal, wo die Welpen aufwachsen, ob im Haus, in einem Raum, der aufwischbar ist, in einem Stallgebäude oder in einer Zwingeranlage. Manche Züchter – meistens sind das die Züchter, die Welpen im Haus großziehen – haben Decken und vielleicht Zeitungspapier ausgelegt, Spielzeug herumliegen und die Welpen kugeln zwischen den Beinen herum.

Wachsen die Welpen draußen auf, sollte auch der Stall oder die Anlage einen sauberen und gepflegten Eindruck machen. Draußen bedienen sich Züchter gern einer Einstreu von Stroh, Heu oder Sägespänen. Es sollte aber dennoch sauber und ordentlich aussehen. Dass Welpen Dreck machen, steht außer Frage, aber wenn alles vollgekotet ist, das Heu und Stroh uralt ausschauen oder die Decken stinken und stark verunreinigt sind, ist das nicht die Art Züchter, die man sich vorgestellt hat.

Achten Sie auf die Welpen. Die Russells sind mit sieben oder acht Wochen frech wie Dreck. Sie düsen durch die Gegend, nehmen alles Neue neugierig unter die Lupe, spielen, bellen, knurren, sind aufgeweckt und lustig.

Welpen, die sich aus ihrem Zwinger, ihrem Zimmer, aus dem Haus oder wo auch immer nicht rauswagen, sehr zurückhaltend sind, sich ängstlich verkriechen, keine Lebenslust zeigen, sodass man nicht die Mög-

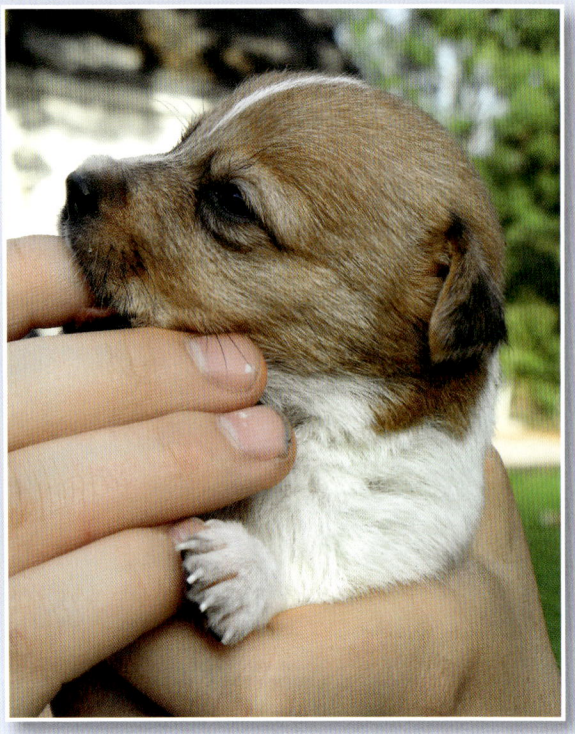

Ein guter Züchter kümmert sich immer liebevoll um seine Welpen.

lichkeit hat, sie kennenzulernen, sollen besser dort bleiben, wo sie sind.

Lassen Sie sich die Mama zeigen. Manche Mutterhündinnen wollen ihre Welpen verteidigen, wenn Fremde auftauchen. Macht Sie der Züchter darauf aufmerksam, sich von den Welpen zu entfernen, ist das okay. Zeigt er ihnen trotzdem die Hündin, ist die Sache in Ordnung. Will die Hündin ihre Welpen nicht mehr

säugen lassen, kann es sein, dass sie sie bereits absetzen will. Sie erkennen die Mutterhündin aber noch immer an einem guten Gesäuge und vergrößerten Zitzen.

Beobachten Sie auch den Umgang des Züchters mit seinen Hunden. Springen seine Hunde herum, suchen Kontakt zum Züchter, lassen sich streicheln und liebkosen und hören auch auf ihren Namen, dann leben die Hunde im Familienverband.

Rast die Mutterhündin gestört durch Box, Zimmer oder Zwinger, lässt sich nicht anfassen und zeigt auch kein Interesse an ihrem Besitzer, dann handelt es sich um einen reinen Zuchthund, der vermutlich seinen Zwinger kaum verlassen darf. Ob Sie aus so einer Hündin einen Welpen wollen, ist dann sehr fraglich.

Schauen Sie auch, wie der Züchter seine Hunde hält. Es ist ein gewaltiger Unterschied, ob der Züchter seinen Hunden Wasser aus alten, schmutzigen Kochtöpfen gibt oder ob dort saubere Schalen stehen.

Der Gesamteindruck zählt. Verallgemeinern kann man nichts, aber gefällt es einem dort, wo man seinen Welpen kaufen möchte, ist der Züchter sympathisch, finden man den Umgang okay und hat man den Eindruck, dass die Hunde mit dem Züchter zusammenleben, ist man sicher besser bedient, als wenn man den Züchter unsympathisch findet, die Zuchtstätte scheußlich ist und man zudem den Eindruck hat, die erwachsenen Hunde sehen die Außenwelt nur dann, wenn ein Welpenkäufer die Elterntiere sehen will. In dem Fall würde ich dort keinen Hund kaufen, auch dann nicht, wenn der Hund noch so billig ist, noch so ein tolles Papier hat und noch so niedlich ist.

Das Rundumpaket sollte einfach stimmen, dann werden Sie auch Freude an Ihrem Russell haben, egal ob er Papiere hat oder nicht, ob seine Eltern eine Ausstellung nach der anderen gewonnen haben oder ob sie einfach nur täglich den Misthaufen nach Mäusen durchwühlen.

Gern wird auch von Tierschützern empfohlen zuzusehen, wenn die Hündin ihre Welpen säugt, um sich zu vergewissern, dass es wirklich die Mutterhündin ist. Das muss aber nicht immer stimmen, wie folgendes Beispiel zeigt.

Hunde sind Rudeltiere. In einem Wolfsrudel werden weibliche Mitglieder sogar scheinträchtig, um bei der Aufzucht der Welpen mitzuhelfen. Bei Hunden ist das nicht viel anders.

Wir hatten ziemlich zur selben Zeit Schäferhund-Welpen und Jacki-Welpen und ließen sie ab der 5. Lebenswoche gemeinsam in den Auslauf. Mich interessierte, ob die Mutterhündinnen nach ihrem Hofrundgang ihr Gesäuge allen Welpen zur Verfügung stellen würden. Das, was ich beobachtete, war mehr als nur interessant. Die Welpen suchten nach Auftauchen eines Alttieres sofort nach einem Gesäuge und fanden es an dessen Geruch. Allerdings war es ihnen egal, ob es die leibliche Mutter oder eine andere Mutterhündin war. Und auch den Hündinnen war es egal, wer da an der Zitze hing. So beobachteten wir Schäferhund-Welpen, die fast schon so groß wie ein erwachsener Jack

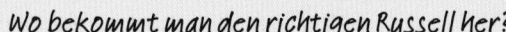
Russell Terrier waren, die unter den Bauch der Jacki-Hündin krabbelten und nach einer Zitze suchten, wie auch Jacki-Welpen, die versuchten, sich so groß wie möglich zu machen, um das Gesäuge der Schäferhündin zu erreichen.

Hündinnen säugen ab einer gewissen Zeit, die sie oft selbst bestimmen, ihre Welpen nur noch im Stehen. So konnten wir die verrückten Größenunterschiede sehen. Und es wird mir jeder beipflichten, wenn ich sage, die Jacks wurden nicht von einer Schäferhündin geboren. Hundekauf ist Verstands- und Gefühlssache. Selbst aus dem besten Zwinger kann ein Kauf daneben gehen und der Hund entwickelt sich nicht zu dem, was man erwartet hat. Jedoch kann man mit einem guten Züchter Lösungen erarbeiten und erhält dessen Hilfe, was Ernährung, Erziehung und Gesundheit betrifft. Ein schlechter Züchter wird sich um Sie sicher nicht mehr bemühen.

Was sollten Sie beim Russell-Kauf beachten?

🐾 *Der Züchter soll schon am Telefon sympathisch klingen und auskunftsfreudig sein. Er hat nichts zu verbergen.*

🐾 *Züchter, die nichts zu verstecken haben, senden ihnen gern Fotos der Welpen zu, nennen Ihnen einen Zuchtverein und schicken die Papiere, sofern sie sie schon haben, per Mail zu. Wenn das nicht der Fall ist, werden sie sicher die Ahnen der Eltern preisgeben.*

🐾 *Lassen Sie sich unbedingt Bilder von Mutterhündin und Vaterrüde schicken. Die Hündin muss auf den Bildern ein deutliches Gesäuge haben, sonst ist es nicht die Mutterhündin.*

🐾 *Ohne Infos über das Internet ist heute kaum noch ein Welpenverkauf möglich. Schauen Sie sich die Homepage des Züchters genau an. Wie sieht die Umgebung aus, wie sehen die Hunde aus? Ein gutes Bild ist ein Pluspunkt für jeden Züchter, ein schlechtes Bild ein Minuspunkt.*

🐾 *Fragen Sie nach Impfungen, Chip und Entwurmungen. Fragen Sie auch, gegen was geimpft und welches Wurmmittel verwendet worden ist. Das sollte ein Züchter schon wissen. Über das Internet oder den Tierarzt können Sie prüfen, ob es diese Produkte auch gibt.*

🐾 *Kaufen Sie keinen Hund, dessen Herkunft nicht einwandfrei klar ist. Es könnte ein Hund sein, den der angebliche Züchter nicht selbst gezogen hat, sondern der aus dubiosen Zuchten oder von sonst wo stammt.*

❧ *Kaufen Sie niemals einen Rassehund in einem Zoo-fachgeschäft!*

❧ *Bezahlen Sie keine hohen Preise für Hunde, die keine Papiere haben, denn Hunde ohne Papiere sind immer günstiger.*

❧ *Kaufen Sie keinen Hund, dessen Papiere Sie nicht bekommen, weil der Züchter nicht will, dass der Hund in die Zucht geht. Die Papiere gehören zum Hund und was Sie dann mit Ihrem Russell machen, ist Ihre Sache.*

❧ *Kaufen Sie keinen Hund, der im Dunkeln und schmutzig gehalten wurde und der Ihnen schon beim Anblick leidtut. Mit diesem Kauf unterstützen Sie einen schlechten Züchter.*

❧ *Kaufen Sie keinen Hund, der nicht lebhaft ist, der krank ausschaut, mager ist, sich sehr ruhig verhält oder in einer Ecke sitzt und offensichtlich nicht gesund ist.*

❧ *Schauen Sie sich in der Zuchtstätte um. Fragen Sie, wenn Ihnen etwas suspekt vorkommt. Dafür muss es eine logische Antwort geben. Die Zuchtstätte soll sauber, aufgeräumt, hell und freundlich aussehen und kein dunkler Verschlag sein.*

❧ *Kaufen Sie keine Hunde aus Risikoländern (Osten) oder von Menschen, die aus diesen Ländern stammen. Ich will keine Züchter aus dem Osten vorverurteilen. Im Osten gibt es wirklich gute Züchter, aber sie sind dünn gesät. Jene, die schnelles Geld verdienen wollen, gibt es dagegen leider wie Sand am Meer.*

❧ *Behörden können den Zugang zu Zuchtanlagen für Besucher oder Interessenten verbieten. Der Züchter muss Sie also nicht unbedingt in seine Zuchtanlage lassen. Überlegen Sie trotzdem genau, ob sie einen Hund kaufen wollen, bei dem Sie nicht wissen, wie er großgezogen worden ist.*

❧ *Lassen Sie sich unbedingt zumindest die Mutterhündin zeigen. Seien Sie sich bewusst, dass Hunde ohne Papiere nicht unbedingt reinrassig sein müssen. Bemerken werden Sie es aber erst, wenn der Hund älter wird.*

❧ *Kaufen Sie Ihren Hund dort, wo Sie sich wohlfühlen und der Züchter sympathisch ist. Schrecken Sie nicht davor zurück, einen vielleicht etwas teureren Hund zu erstehen, wenn die Zuchtstätte in Ordnung ist. Nichts ist schlimmer, als einen billigen Hund aus einem dreckigen Zwinger zu kaufen, der sich dann als krank erweist oder bestimmte Defizite hat.*

Ein Schäferhund-Welpe und ein Jacki-Welpe – hier erahnt man schon den späteren Größenunterschied.

Rüde oder Hündin

Ich werde immer wieder gefragt: „Rüde oder Hündin – was ist besser oder leichter zu handhaben?"

Allgemein wird gesagt, dass Hündinnen anschmiegsamer, anhänglicher, leichter zu erziehen und einfach sanfter sind. Dem Rüden wird oft nachgesagt, dass er rüpelhaft, grob, stur und schwer zu erziehen ist und zudem ständig markiert, also sein Bein überall hebt und alles bepinkelt. Ganz kann ich diese landläufigen Meinungen nicht teilen. Hündinnen sind Hormonschwankungen unterworfen, können äußerst giftig und rauflustig, aber auch lieb und anschmiegsam sein. Das kommt auf die Hundepersönlichkeit an. Hündinnen zicken sehr gern, weil es eben Hündinnen sind. Sie reagieren hin und wieder recht heftig, wenn fremde Hunde ihr Hinterteil beschnüffeln, benehmen sich in der Läufigkeit anders (entweder noch zickiger oder noch schmusiger) und sind definitiv nicht schwerer zu erziehen als Rüden.

Rüden können stur und flegelhaft, aber auch sanftmütig und angenehm sein. Auch das kommt auf die Hundepersönlichkeit an. Das ist etwas, was viele Menschen nicht wirklich berücksichtigen.

Individuelle Persönlichkeit

Jeder Hund entwickelt neben dem Wesen und bestimmten Verhaltensweisen, die ihm vererbt worden sind, eine eigene Persönlichkeit.

Als Erdhund braucht der Russell viel Mut und Courage, Schneid und Temperament, dazu ein loses Mundwerk. Und das besitzt er auch. Allerdings gibt es Hunde, die nicht ganz so viel Schneid haben oder die etwas vorsichtiger sind, die leichter lernen als andere, die sich enger an ihren Besitzer binden, die folgsamer sind. Und dann gibt es solche, die in ihrem Größenwahn mutiger sind, als es ihnen guttut.

Die Persönlichkeit ist etwas, was man nicht anzüchten kann, sondern was jedes Lebewesen auf diesem Planeten einfach hat, auch wir Menschen. Die Persönlichkeit eines Hundes sollte man einfach akzeptieren.

Die Wahl fällt schwer: Rüde oder Hündin, glatt- oder rauhaarig?

Bei Russell Terriern ist das Verhalten bei beiden Geschlechtern sehr unterschiedlich. Gepaart mit einer starken oder schwachen Persönlichkeit kann Ihr Russell somit ein frecher Flegel oder auch ein anschmiegsames Kätzchen werden. Nun sind Sie als Mensch mit Ihrem Wissen gefragt, etwas daraus zu machen.

Der Russell und Kinder

„Ist der Jack oder der Parson Russell kinderfreundlich?" Eine Frage, die mir mindestens schon tausendmal gestellt worden ist. Gehört der Russell zu einer kinderfreundlichen Rasse?

Ich frage mich, ob es eigentlich eine kinderunfreundliche Rasse gibt. Ist es zum Beispiel der Rottweiler, weil man schon so oft von Beißunfällen mit Kindern gehört hat, oder der Bullterrier, weil er ja angeblich ein Kampfhund ist, oder vielleicht der Husky oder der Dackel, weil dieser in der Nachbarschaft ein Kind gebissen hat?

Ich kann getrost sagen, es gibt keine kinderunfreundliche Rasse. Denn dieses Verhalten ist nicht unbedingt rasseabhängig, sonder hängt auch von der individuellen Persönlichkeit ab und vor allem von den Erfahrun-

gen, die der Hund im Laufe seines Leben gemacht hat. Im Grunde vertragen sich alle Welpen, die mit Kindern aufwachsen, gut mit ihnen, weil sie Kinder kennen und ständig um sich haben.

Ein Hundekind und ein Menschenkind können ziemlich viel Unsinn zusammen anstellen.

Das Problem ist, dass ein Hund sehr viel schneller heranwächst und weit schneller erwachsen wird als das

Kind. Wenn der Vierjährige den Welpen am Schwanz zieht, wird der Welpe quieken. Wenn das Kind dem Hund eineinhalb Jahre später die Ohren in die Länge zieht, ist der Hund erwachsen, steht rangmäßig über dem Kind und wird sich die Behandlung vielleicht nicht mehr gefallen lassen.

Erwachsene Hunde wissen, dass Kinder Kinder sind, und kaum ein erwachsener Hund, schon gar kein

Zu einer Spielstunde mit Kindern sind Russell Terrier immer aufgelegt.

selbstbewusster Vierbeiner, wird sich einem Kind unterordnen, nur weil wir das so wollen. Und gewisse Hunde – meist sind es jene mit einer starken Persönlichkeit – werden sich nicht einfach etwas Fressbares oder ein heißgeliebtes Spielzeug von einem Kind wegnehmen lassen, obwohl immer wieder behauptet wird, dass das so zu sein hat und der Hund einen Verhaltensfehler aufweist, wenn er das Kind zwickt, weil er sein Eigentum für sich beansprucht hat.

Grundsätzlich glauben wir, dass es besser ist, Regeln aufzustellen und Kind und Hund zu verstehen zu geben, dass es Respektsgrenzen gibt. Und natürlich gilt das auch für den erwachsenen Menschen, der das berücksichtigen muss.

Parson und Jack Russell Terrier sind sehr oft Hunde mit einer starken Persönlichkeit. Manche Russells lassen sich ihr Futter oder Spielzeug problemlos wegnehmen, auch von Kindern, da es ihnen egal ist, manche aber auch nicht. Manche Jacks lassen sich bis zum Umfallen ärgern, ertragen mit endloser Geduld nervende Kinder und dulden es, wenn am Schwanz gezogen, in den Ohren gepopelt oder die Augen ansatzweise nach innen gedrückt werden.

Kinder sind nicht zimperlich, schon gar keine Kleinen. Fragt sich nur, ob das auch richtig ist.

Hunde sind kein Kinderspielzeug, schon gar keine geeigneten Aufpasser oder gar Zeitvertreiber. Aber vielfach werden Hund und Kind oft stundenlang allein gelassen, nach dem Motto: Das ist ein Kinderhund, der muss sich das gefallen lassen.

Hunde zeigen manchmal ihren Unmut sehr still. Sie ziehen sich zurück, verstecken sich unter der Eckbank, unter irgendeinem Tisch, zwischen Blumentöpfen oder auf ihrem Platz. Kinder kraxeln dabei gern hinterher, besonders die Kleinen. Beginnt der Hund zu knurren, merkt das in erster Linie erst mal das Kind, da wir Erwachsenen meist nicht mit unter der Eckbank sitzen.

Kinder reagieren auf dieses Knurren nicht, weil sie nicht wissen, was es zu bedeuten hat. Wird der Hund dann auch noch steif oder zeigt gar die Zähne als letzte Drohung, dann ist es bis zum Biss nicht mehr weit. Reagiert keiner der Erwachsenen, dann ist aber sicher nicht der Hund schuld, wenn er dann doch zubeißt.

Will man wirklich ein harmonisches Zusammenleben mit Kind und Hund, dann sollte man dem Hund keinen Grund geben, Kinder nicht zu mögen. Der Hund hat Rechte, auch das Kind hat Rechte und beide haben Grenzen. Es liegt an uns Erwachsenen, den Kindern zu vermitteln, wie man richtig mit einem Hund umgeht.

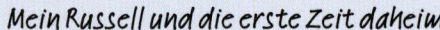

Mein Russell und die erste Zeit daheim

Manche neuen Russellbesitzer kommen mit erwartungsvoller Vorfreude zu uns, um ihren neuen Liebling abzuholen, und haben vorher viel Geld im Zoofachhandel für die verrücktesten Sachen ausgegeben. Der Handel bietet viele nötige und noch mehr unnötige Dinge an. Ich bin immer wieder fasziniert, was sich Menschen einfallen lassen, um noch mehr Produkte für das Leben des Hundes auf den Markt zu werfen.

Ich muss immer grinsen, wenn mir die Leute voller Begeisterung zeigen, was ihr neuer Russell so alles bekommen wird: drei verschiedene Körbe, fünf verschiedene Futternäpfe, zwei Halsbänder, Leinen, Futter, Leckerli, Spielzeug, von dem ich nicht mal gewusst habe, dass es das gibt, extra Hundehandtücher, Kamm, Bürste, Shampoo, Halstuch und so weiter. Dem neuen Familienmitglied soll es an nichts fehlen.

Aber mit all den Sachen ist der Welpe vermutlich sogar überfordert. Was soll er mit verschiedenen Näpfen, einer Menge verschiedener Spielzeuge und drei verschiedenen Körben anfangen?
Für den Anfang braucht Ihr Russell nur einige wenige Dinge:

🐾 einen Platz, an den er sich zurückziehen kann.
🐾 einen Korb aus Plastik (Weide wird gern zerbissen) mit einer ausgedienten Decke, die leicht waschbar ist.
🐾 einen Wassernapf mit frischem Wasser, der immer bereitstehen sollte. (Keramik eignet sich besser als Plastik, da der kleine Hund den Napf nicht einfach umwerfen kann.)
🐾 ein Futternapf, den er nur dann vorgesetzt bekommt, wenn gefüttert wird.
🐾 ein Halsband und eine Leine.
🐾 ein Stofftier als Geschwisterersatz.
🐾 ein Spielzeug, in das er reinbeißen kann, dass er aber nicht zerlegen und fressen kann.
🐾 sein Futter.

Als Spielzeug eignet sich ein Hundetennisball oder ein altes T-Shirt, das man in der Mitte knotet. Auch eine kleine leere Getränkeflasche aus Kunststoff kann ein tolles Spielzeug sein, wenn man mit seinem Hund draußen tobt. Das ist billig und immer ersetzbar. Denken sollte man auch an die Hundebox für das Auto beziehungsweise an den Sicherheitsgurt oder an das Trenngitter für ein Kombifahrzeug. Laut Gesetz muss ein Hund im Auto gesichert transportiert werden, sonst drohen empfindliche Strafen.

Manchmal ist es sinnvoll, den Welpen mit einem Geschirr zu führen.

Die Eingewöhnung

Haben Sie Ihren kleinen Knirps nun daheim, dann verwenden Sie bitte Ihren ganz normalen Hausverstand. Ihr Hund hat gerade seine Familie und seine vertraute Umgebung verloren und muss jetzt mit einer neuen Welt zurechtkommen. Das sollten Sie verstehen und berücksichtigen. Denn es gibt auch Menschen, die rufen zwei Tage später an, weil der Hund eben nicht so ist, wie sie ihn gern hätten. Vielleicht frisst er nicht sofort, vielleicht jammert er in der Nacht, vielleicht zeigt er sich etwas ängstlich, ist unsicher, will nicht sofort an der Leine gehen, und, und, und. Ein junger Hund muss in seinem neuen Leben eine Menge lernen. Er kommt aus einer klaren Struktur heraus und muss sich jetzt allein zurechtfinden. Er darf dies nicht und jenes nicht, soll das machen und dies. Für ihn kommen neue Menschen ins Leben, jeder will ihn anfassen und umsorgen und die Tagesordnung ist auch eine andere.

Manche Welpen kommen recht schnell damit zurecht, andere brauchen etwas länger. Am Anfang werden Sie sehr oft „Nein" sagen. Es wird etwas dauern, bis Ihr Hund weiß, was er darf und was er nicht darf.

Ist der Hund schon älter, dauert es ungefähr zwei bis drei Wochen, bis er sich neu orientiert und angepasst hat. Diese Zeit muss man dem Hund geben, um mit ihm gut auszukommen. Bis der Hund so ist, wie wir ihn uns wünschen, braucht es einfach seine Zeit. Ein älterer Hund wird vermutlich schon stubenrein sein,

während ein Welpe das noch nicht ist. Dafür bindet sich ein Welpe vielleicht schneller an seine neuen Besitzer als ein älterer Hund, der etwas misstrauisch sein könnte oder vielleicht auch gar nicht daran denkt, sich sofort anzuschließen.

Wenn Sie in den ersten Tagen mit Ihrem Welpen hinausgehen, dann suchen Sie sich ein lauschiges Plätzchen, wo Sie Ihren Hund ohne Leine hinter sich herlaufen lassen können. Das ist für den Hund bestimmt stressfreier, als wenn Sie ihn an der Leine mitzerren, die er noch nicht mal ansatzweise akzeptieren wird. Zudem ist der junge Hund damit beschäftigt, Sie kennenzulernen und sich Ihren Geruch zu merken. Er wird versuchen, Ihren Beinen zu folgen, denn die kennt er jetzt.

Wenn Sie in der Innenstadt mit Ihrem Welpen spazieren gehen, wird er hoffnungslos überfordert sein. Er kann Ihnen dort weder folgen noch Sie finden. Berücksichtigen Sie das und heben Sie sich solche Ausflüge für später auf.

Einen älteren Hund werden Sie vielleicht schon an die Leine nehmen können, eventuell auch müssen. Aber auch ihm sollten Sie erklären, dass Sie die Person sind, der er jetzt folgen soll, und nicht jemand anders.

Konsequenz ist wichtig

Sie legen Ihrem Hund einen Plan vor, wie Sie ihn haben wollen, und an dem müssen Sie beide arbeiten. Dabei gilt der Grundsatz: Nein bedeutet Nein und Ja bedeutet Ja. Wenn Sie mit Ihrem Hund, egal ob erwachsen oder Welpe, zu diskutieren beginnen und Regeln brechen, nennt man das Inkonsequenz, und diese Inkonsequenz hat meist Folgen.

Hierzu ein kleines Beispiel:

Wir füttern Welpen, Eltern und andere Rudelmitglieder sehr oft gemeinsam, damit wir die Sauerei nur einmal wegzuwischen haben. Ich bat meine Tochter aufzupassen, dass die älteren Welpen den jüngeren nicht alles wegfressen. Natürlich versuchten die um drei Wochen älteren Welpen, an den anderen Teller zu gelangen, denn der Inhalt war vermutlich viel besser als der im eigenen Napf. Geduldig schob meine Tochter die Welpen immer wieder zur Seite, die trotzdem stetig versuchten, den Teller, an den sie nicht durften, zu erreichen.

Ich fragte dann meine Tochter, wie lange sie das noch so machen wolle, denn die Regel war: „Da darf ich nicht hin, das darf ich nicht essen." Und dabei sollte man konsequent sein.

Als sich ein Welpe wieder näherte, gab ich ihm einen Klaps, der nicht weh tat, aber immerhin fruchtete, denn der Welpe drehte sich quiekend um und verdrückte sich. Für ihn war die Sache nunmehr klar. Während sich das abspielte, versuchte ein anderer Welpe aus der Schüssel der Mutter zu fressen, die zornig die Zähne hochzog und deutlich zeigte: „Das ist meins!" Der Welpe reagierte nicht und als er seinen vorlauten Schnabel über den Rand der Schüs-

sel schieben wollte, fuhr die Hündin knurrend auf ihn zu und zwickte ihn in die Seite. Es war nicht fest, tat bestimmt nicht weh, aber der Welpe lernte seine Lektion sofort. „Wenn ich da drangehe, gibt es Ärger." Schnell, diskussionslos und effektiv.

Schiebe ich den Welpen jedoch hundertmal weg, während er immer wieder versucht, die Schüssel zu erreichen, ist das eine Diskussion, die es unter Hunden nicht geben würde. Lasse ich den Welpen schließlich doch an die Schüssel, ist das inkonsequent und der Welpe lernt, dass sich Beharrlichkeit bezahlt macht, was aber in späteren Situationen ziemlich nach hinten losgehen kann.

Überlegen Sie sich, was Ihr junger Hund darf und was er nicht darf, welches Verhalten Sie in Ordnung finden und welches nicht. Halten Sie sich an Ihren eigenen Plan und Ihr Russell wird bald wissen, dass Sie das auch meinen, was Sie sagen.

Er wird rein – er wird nicht rein …

Ein Welpe ist unrein und pinkelt dorthin, wohin es ihm gefällt, richtig? Naja – fast!

Welpen sind nicht so dumm, wie es manchmal den Anschein macht. Wenn es darum geht, sich die Pfoten nicht zu beschmutzen, suchen sie sich ihren Pinkelplatz dort, wo das Pipi versickert, das heißt die Zei-

tung, ein Handtuch, den Teppich. Erst wenn es das nicht gibt, pinkelt der Welpe auch auf den Steinboden oder andere kahle Flächen – allerdings nur mit Widerwillen, da er dort eben nasse Füße bekommt.

Kommt der Welpe aus einem schmutzigen Zwinger oder wurde er von Anfang an schmutzig gehalten, wird ihm der Dreck schon relativ egal sein. Wurde der Welpe allerdings in einem sauberen Umfeld aufgezogen, ist das Sauberkeitsbedürfnis des Hundes noch vorhanden.

Das brachte nun findige Geschäftemacher auf die Idee, das Welpenklo zu entwickeln. Der Welpe soll doch bitteschön dort hineingehen und sauber, wie eine Katze, sein Geschäft verrichten. Mir stellt es bei dem Gedanken jetzt schon wieder die Haare auf.

Ein Welpe mit acht oder neun Wochen kann sicher noch nicht halten, sich melden oder verdeutlichen, dass er muss, aber ich als Mensch kann meinen Verstand verwenden. Bin ich nicht bereit, mit meinem Hund nach draußen zu gehen, um ihm beizubringen, dass das der Ort ist, wo er in Zukunft sein Geschäft

Bis zum Alter von etwa drei Monaten können Welpen Blase und Darm noch nicht richtig kontrollieren. Das heißt, wenn sie sich lösen müssen, können sie das nicht unbedingt aufhalten, auch wenn sie es vielleicht gern tun würden. Ab dem Alter von drei Monaten können sie aber ihren Körper richtig kontrollieren und sollten spätestens dann auch stubenrein werden.

Ein Russell muss lernen, was er darf und was er nicht darf. Denn es macht für ihn keinen Unterschied, ob er einen Ball zerlegt oder vielleicht einen wertvollen Schuh.

verrichten soll, dann sollte ich vielleicht überlegen, ob ich mir doch lieber eine Katze zulege, die von Natur aus gern ein Katzenklo benutzt.

Es mag bequem sein, wenn der Welpe auf die Toilette geht, aber wie soll er lernen, nach draußen zu gehen? Wie soll er mit zwölf Wochen wissen, dass er draußen pinkeln und sein Häufchen machen soll, wenn es doch bisher im Haus tadellos funktioniert hat? Oder wollen Sie das Welpenklo auch noch stehen lassen, wenn der Hund ausgewachsen ist? Sie werden sich wundern, es gibt Leute, die das tun, damit der Hund, wenn er eingesperrt ist und muss, nicht in die Wohnung macht. Ich weiß nicht, aber da läuft etwas verkehrt.

Wenn man sich einen Hund zulegt, muss man sich im Klaren sein, dass er gewisse Bedürfnisse hat. Die sind gar nicht so schwer auseinanderzuhalten. Er hat das Verlangen nach Futter, er will Bewegung, Zuneigung, Beschäftigung und er will raus. Von Anfang an sollten Welpen lernen, nach draußen zu gehen. Es gibt in der Regel immer irgendwo ein Stückchen Wiese, wo man mit seinem Zwerg herumlaufen kann, bis er seine Geschäfte verrichtet hat.

Aber manche Hundebesitzer haben es da schwer. Sie wohnen vielleicht im sechsten Stock in einer Gegend, wo alles asphaltiert worden ist. Die denkbar ungünstigsten Voraussetzungen für einen Hundewelpen! Er muss lernen zu halten, wenn er nach unten getragen wird, und er muss lernen, auf dem Asphalt sein Geschäft zu verrichten, wo es schlecht riecht und wo seine Pfoten nass werden.

Sie werden vielleicht denken, dass viele Hunde das machen. Ja, sie mussten es auch zwangsläufig lernen. Angenehm für einen Hund ist das bestimmt nicht, aber Gewohnheit.

Hat jemand Haus mit Garten, ist es dagegen viel einfacher. Man braucht nur ein paar Schritte nach draußen zu gehen und schon sitzt der Welpe in der Wiese, in die er lieber macht, da er selbst sauber bleiben will. Diese Hunde werden schneller sauber als jene, die den Randstein oder von anderen Hunden verunstaltete Kleingrünflächen benutzen müssen.

Lebt man in einer Wohnung, aber trotzdem am Land, ist es vermutlich auch leichter, seinen Hund stubenrein zu bekommen, da es überall Grünflächen gibt.

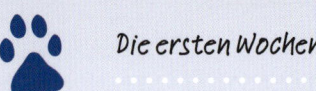

Wenn genug Grünflächen zur Verfügung stehen, lernt der kleine Russell schnell, wo er sein Geschäft verrichten darf.

Woran erkennt man, dass der Hund hinaus muss?

Wenn Welpen pinkeln müssen, haben sie ein kleines Ritual. Sie suchen sich dann meistens ein passendes Plätzchen, das heißt, sie suchen mit der Nase am Boden, bleiben stehen und lassen es laufen. Genauso verhält es sich mit dem größeren Geschäft. Der richtige Platz muss erst gefunden werden. Wenn Sie also bemerken, dass ihr Welpen sucht, besonders nach dem Schlafen, nach dem Fressen oder nach dem Spielen, dann muss er sich lösen. Schnappen Sie ihn sich sofort und gehen mit ihm hinaus. Es wird zwar etwas dauern, aber irgendwann muss die Blase oder der Darm dann doch entleert werden. Lassen Sie sich da-

bei Zeit, vielleicht will sich der Kleine noch ein zweites Mal hinhocken. Hat es draußen geklappt, sparen Sie nicht mit Lob. Der Welpe soll wissen, dass es mit viel Lob verbunden ist, wenn man draußen pieselt und Häufchen macht.

In der Regel lernt ein Welpe recht schnell, stubenrein zu werden, wenn man anfangs oft genug mit ihm nach draußen geht. Es gibt aber immer mal wieder Fälle, in denen es nicht funktioniert. Es kann dann sehr frustrierend sein, wenn der Welpe schon vier oder fünf Monate alt ist, aber noch immer nicht dazu bereit ist, sein Geschäft nach draußen zu verlegen.

Das kann dann so aussehen: Es regnet, der junge Hund geht nach draußen, Herrchen geht eine Weile spazieren, macht auch ja keinen Stress, und kaum sind wir wieder im warmen Stübchen, lässt Hundi es rinnen. Bei einem Russell von fünf Monaten ist die Menge auch kein Schnapsglas mehr, sondern schon eine große Pfütze und das kleine Haufi schon ein ausgewachsener, stinkender Haufen. Hunde, die ein Welpenklo, die Zeitung oder andere Utensilien hatten, werden vermehrt diese Utensilien suchen und auch benutzen – ein klares Argument dafür, dass man lieber vom ersten Tag an dem Welpen beibringen sollte, sein Geschäft draußen zu verrichten. Irgendwann wird er dann selbst zur Tür laufen, wenn er verstanden hat, worum es geht. Sollte er dann direkt vor die Haustür pinkeln, hat er nichts falsch gemacht, sondern Sie waren einfach zu langsam. Aber nun dauert es nicht mehr lange und die Sache mit der Stubenreinheit klappt.

Der Trick mit der Hundebox

Nur in seltenen Fällen kommt es tatsächlich vor, dass der Hund nicht versteht, um was es geht und immer noch nicht stubenrein ist, obwohl er schon mehrere Monate alt ist. Eine Möglichkeit, dieses Problem zu lösen, ist dann die Verwendung einer Hundebox oder eines Kennels, in dem Hunde im Auto transportiert werden.

Ein Hund beschmutzt nicht gern seinen Platz, auf dem er schläft. Wenn Ihr Hund also zum Beispiel erst pinkelt, nachdem er draußen war, dann stecken Sie ihn nach dem Spaziergang sofort in die Box und belassen ihn dort. Entweder er unterdrückt seinen Drang oder er pinkelt da rein, was ihm höchst unangenehm sein wird. Lassen Sie ihn dann ein Weilchen in der Box, auch wenn es widerlich ist, aber Ihr Hund hat dann etwas Zeit zum Nachdenken. Nach einigen Tagen wird Ihr Hund merken, dass es besser ist, sein Geschäft draußen zu verrichten.

Auch Nächte können lang werden. Will der Russell in der Nacht partout nicht halten, dann lassen Sie ihn auch wieder in der Box schlafen. Wenn er wirklich muss, wird er unruhig werden. Schläft er bei Ihnen im Zimmer, werden Sie das hören und können mit ihm rausgehen. Anschließend muss er wieder in die Box. Wenn der Russell Ihr Haus verwüstet, wenn Sie nicht da sind, dann können Sie sich auch wieder mit der Box behelfen. Für einige Zeit, auch einige Stunden, tut ihm das nicht weh. Sie können ihm einen Kauknochen oder ein Schweineohr geben, aber er bleibt in der Box. So können Sie ruhigen Gewissens einkaufen gehen und kommen entspannt nach Hause, da Sie wissen, Ihr Hund kann nichts angestellt haben. Und sollte er vor lauter Frust in seine Box gepieselt haben, dann ist es nicht so mühsam, das zu säubern, und der Hund kann darüber nachdenken, ob das wirklich so gut war.

In Sachen Reinheit und Box gibt es noch eine Steigerungsstufe, die ich ebenfalls nennen möchte. Hierbei sind Hunde gemeint, die die Decke in ihrer Box bepinkeln, diese mit den Pfoten ganz nach hinten schieben und glücklich damit sind. Ich bekam so einen Kandidaten zum Training. Der Hund war im Alter von acht Monaten noch immer nicht rein.

Wir beließen diesen Hund in der Nacht in seiner Box, worauf er auf die Idee kam, auf seine Decke zu pinkeln und diese ganz nach hinten zu schieben. So konnte der Hund weiterschlafen und das Geschehnis störte ihn nicht.

Ein Russell, der mich austricksen will!

Ich entfernte die Decke und steckte den Russell ohne Decke in die Box. Das Problem kam, wie es kommen musste. Der Hund pieselte wieder hinein, nur diesmal hatte er keine Decke, die er zurückschieben konnte, und lag im Nassen, was ihn natürlich unheimlich störte. Er begann früh

morgens zu maulen und ich ließ ihn absichtlich warten. Wie froh war er, als endlich jemand kam und ihn aus der nassen Box holte. Aber weil er ein Russell war und nicht so schnell aufgeben würde, versuchte er es in der nächsten Nacht nochmal. Und ich ließ ihn nochmal warten. Vermutlich war das der Knackpunkt. Dieser Hund hat in den Folgenächten nie wieder in seine Box gemacht und auch verstanden, nachdem ich ihn beim Pinkelansatz auf die Badezimmermatte erwischt hatte und ihn mit viel Gezeter nach draußen befördert hatte, dass das ebenso verboten war. Innerhalb von drei Tagen war der Hund sauber und hat respektiert, dass Geschäfte draußen zu verrichten waren.

Wenn der Rüde im Haus markiert

Genauso nervig kann es sein, wenn Rüden im Haus ständig markieren. Von diesen Russells gibt es ebenfalls mehr als genug.

Unser Rüde versuchte nur ab und zu, die Box einer läufigen Hündin zu bespritzen. Für ihn war das ein Besitzanspruch und ein Zeichen für die Hündin, dass er potent und gesund war. Nach meiner Auffassung würde er das bald nicht mehr sein, wenn er das nicht unterließ, und meist bedurfte es nur einer etwas heftigen Ermahnung und unser Rüde riss sich wieder zusammen.

Viele Rüden tun das allerdings nicht, weil das Markieren für sie nie Folgen hatte. Wenn Ihr lieber Rüde also beginnt, alles im Haus zu bepinkeln beziehungsweise überall das Bein zu heben, heißt das nicht, das er unbedingt muss, sondern eher, dass er gerade dabei ist, sein Eigentum mit seinem Duft zu versehen. Nachdem der Duft immer wieder verblasst, muss man ihn natürlich wieder auffrischen und der Rüde markiert alles. Stoppen Sie das, bevor es ausufert!

Erwischen Sie Ihren Hund inflagranti, dann werfen Sie ihm kurzerhand irgendwas nach, was gerade in Reichweite ist, Ihre Hausschuhe, ein Kinderspielzeug, den Schlüsselbund, irgendwas. Schicken Sie ihn sofort auf seinen Platz, wo er auch zu bleiben hat. Der Hund muss merken, dass Sie sauer sind und dass Sie sein Handeln nicht dulden. Sie werden Ihren Hund kennen. Ihr Hund soll das nicht amüsant finden, sondern wissen, dass Sie dabei sind, eine Regel durchzusetzen, und gewillt sind, notfalls auch zu härteren Mitteln zu greifen.

Falsch wäre es, den Hund hinauszulassen, denn das wäre eine positive Bestätigung für sein negatives Verhalten. Er muss ja nicht wirklich hinaus, sondern er hat nur markiert, und Hinauszugehen ist ja eine tolle Sache.

Pinkeln als Zeichen der Unterwerfung

Pinkelt Ihr Welpe jedes Mal, wenn Sie ihn anfassen? Nein, er hat keine Blasenentzündung und wäre auch in der Lage zu halten. Dieses Urinlassen beim Anfassen oder Streicheln nennt man Unterwürfigkeitspinkeln. Dasselbe Verhalten haben wir bei Welpen gegenüber ranghöheren Hunden beobachtet. Wenn ein Welpe seine ganze Unschuld beweisen will, dann pinkelt er in dem Moment, in dem der Althund ihn berührt, beleckt oder beschnuppert. Dabei nimmt der Welpe eine geduckte Körperhaltung ein, legt sich vielleicht mit dem Kopf zuerst auf den Boden, rollt mit dem Rücken nach, um dann etwas zu pinkeln. Das ist ein typisches Verhalten von Welpen, die ihre Unterwerfung zeigen. Nicht jeder Welpe macht das, aber es wird häufig beobachtet.

Wir hatten auch eine Jacki-Hündin, die jedes Mal pinkelte, wenn man sie streichelte. Um dem zu entgehen, hatten wir uns angewöhnt, die Hündin nur dann zu streicheln, wenn sie selbst danach verlangte, ansonsten haben wir sie mehr oder weniger ignoriert. Lediglich draußen nahmen wir uns ihrer mehr an, da es dort nicht störte, wenn sie pinkelte. Wir schimpften nicht, nahmen es einfach hin, in der Hoffnung, dass ihr Verhalten sich ändern würde, sobald sie älter wurde.

Heute ist die Hündin drei Jahre alt und hat dieses Verhalten nach ihrer ersten Läufigkeit abgelegt. Sie pieselt nur noch, wenn sie etwas angestellt hat und wir genau wissen, dass es nur sie gewesen sein kann. Dabei reicht schon ein bitterböser Blick.

Auch junge Rüden können dieses Verhalten zeigen. Wir haben gelernt, dass es am besten ist, das zu ignorieren. Auch Behandlungen wie das Entfernen einer Zecke, das Kontrollieren der Zähne oder Ähnliches

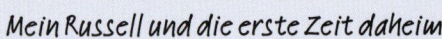

Rüden markieren gern und häufig.

können zum Pieseln führen. Meist hört das auf, wenn der Hund älter wird. Schimpfen nutzt da wenig, da er sich ja sowieso schon unterwirft und es nicht anders zeigen kann. Sollte Ihr Hund später auch noch hin und wieder etwas Wasser lassen, dann müssen Sie damit leben. Es ist ja auch nur ein Hund.

Ist die Box nun Tierquälerei oder nicht?

Wäre die Box Tierquälerei, dürfte kein Hund mehr im Flugzeug geflogen und im Auto transportiert werden, die Polizeidiensthundeführer müsste man der Reihe nach alle anzeigen und verklagen, ebenso wie jeden, der seinen großen Hund im Auto in der Box belässt. Nein, die Box ist keine Tierquälerei. Ist der Hund einmal daran gewöhnt, nimmt er sie immer wieder gern an, geht sogar hinein, wenn er es nicht muss, und das würde ein Hund nicht tun, wenn es Quälerei wäre.

Diensthunde werden nur in diesen Boxen, die es in den unterschiedlichsten Ausführungen gibt, transportiert beziehungsweise warten dort auf ihren Einsatz. Es ist sicherer für den Hund und man kann die Autotür offen lassen, ohne Angst haben zu müssen, dass der Hund verschwindet.

Russells gehören im Auto gesichert, damit sie bei einer Notbremsung nicht wie Torpedos durch die Windschutzscheibe fliegen oder bei einem Unfall sinnlos das Auto verteidigen, wenn sich Helfer nähern.

Zuhause ist die Box ein sehr guter Behelf in Sachen Erziehung und für manche ist die Box einfach unentbehrlich.

Natürlich gibt es Leute, die sagen: „Ich sperre meinen Hund nicht in einen Vogelkäfig" oder „Der arme Hund hat ja keinen Platz" und „Man kann doch den Hund nicht wegsperren". Aber kein Hund hat bisher wegen der Box einen traumatischen Verhaltensschaden erlitten. Es sind meist Hundeunkundige, die sich beschweren, oder Leute, die einen kleinen Hund haben, oder auch solche, die noch nie mit den Problemen konfrontiert waren, die andere bereits durchgestanden haben.

Manche Hundebesitzer richten sich nach ihrem eigenen, vielleicht ganz braven Hund, bedenken aber nicht, dass der Hund von jemand anderem anders ist, anders reagiert und vielleicht eine etwas andere Erziehung braucht.

Solange der Hund nicht stundenlang in der Box hausen muss und ständig darin eingeschlossen ist, ist die Box keine Tierquälerei.

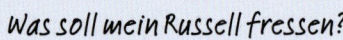

Was soll mein Russell fressen?

Die Hundeernährung hat sich im Vergleich zu früher stark verändert. Was heute so selbstverständlich ist, nämlich Fertigfutter, maßgeschneidert für jeden Hund, nahezu schon für jede Rasse, in jeder Preisklasse und in jeder erdenklichen Sorte, gab es damals, als ich begann Hunde zu füttern, noch nicht.

Hundeernährung früher und heute

Zu der Zeit, als ich Jugendliche war, gab es meist frisches Fleisch, Nassfutter, Beiflocken und das, was man zu Hause noch so hatte, sowie das Wenige, was der Handel bereits als Trockenfutter unters Volk zu bringen versuchte. Doch dies wurde damals nur sehr spärlich gekauft, zudem es von den Hunden oft nicht gern angenommen wurde – von Kleinhunden schon mal gar nicht, da die Trockenfuttersorten auf große Hunde ausgerichtet waren.

Dieses Futter war meist ein Gemisch aus Getreideflocken, Weizenkleie, Reispops und Fleischkroketten, vielleicht noch etwas Hirse oder trockenen Nudeln. Im Allgemeinen wurde für die Hunde der damaligen Zeit weit mehr Aufwand betrieben, indem Fleisch wie Euter, Kopffleisch, Pansen (Kuttel), Schlund, Lunge, Herz und so weiter roh oder gekocht, schön zerschnitten oder auch im Ganzen, verfüttert wurde. Obst rundete nicht selten das Menü ab.

Damals gab es aber auch noch keine Tüten für die Häufchen, es gab keine Bauern, die behaupteten, ihre Kühe würden krank werden, wenn ein Hund in die Wiese macht, es gab keinen Leinenzwang, sodass die Hunde noch sorglos draußen herumlaufen konnten, um dort ihr Geschäft zu verrichten. Es gab viele frei laufende Hunde, kaum Jäger, die sich groß beschwerten, und alles in allem schien das zu funktionieren. Heute wird vorgegeben, wie oft der Hund am Tag seinen Haufen setzen darf. Die Konsistenz des Haufens wird beeinflusst, damit er nicht zu groß ist und fest genug ist, um in die Tüte zu passen. Es gibt Futtersorten für die einzelnen Rassen und es heißt, dass man das Futter nicht wechseln sollte.

Früher bekam der Hund Essensreste aller Art. Und viele Tiere wurden damit steinalt. Heute sind Essenreste schlecht und krankmachend.

Früher bekamen die Hunde Knochen, um die Zähne zu reinigen und als wunderbaren Kalziumlieferanten. Heute ist der Knochen schlecht für den Hundemagen.

Früher bekamen die Hunde Milch und Milchprodukte und waren trotzdem nie krank. Heute bekommt der Hund einen Schluck Milch und sofort Durchfall.

Früher fraßen die Hunde so ziemlich alles, was ihnen vor die Nase kam, und waren kerngesund. Heute hängen die Hunde an der Leine, tragen vielleicht sogar einen Beißkorb, und wenn sie etwas erwischen, was nicht für ihren Magen bestimmt ist, dann sind Bauchschmerzen angesagt.

Früher hatten Hunde bis ins hohe Alter schöne weiße, kräftige Zähne. Heute putzt man den Hunden mit Zahnbürste und Zahnpaste die Zähne, behandelt oft deren Zahnstein und blickt dabei in eine Zahnruine. Früher gab es kaum Haut- und Fellprobleme. Heute ist das Alltag.

Vielleicht finden wir hier eine Maus als kleine Zwischenmahlzeit!

> *Ich möchte an dieser Stelle niemanden verurteilen, der auf diese oder jene Fütterung schwört. Jeder hat seine ganz speziellen Vorlieben, besonders Menschen, die schon lange Hunde ernähren oder bereits seit Jahren züchten und somit auch eine Reihe Erfahrungen gemacht haben. Auch ich kann nur über meine eigenen Erfahrungen berichten. Sollten Sie eine andere Fütterungsweise bevorzugen, ist das okay, denn es gibt viele Möglichkeiten der Hundeernährung, über die es auch eine Fülle von Literatur gibt.*

Hunde sind keine Vegetarier

Der Vorfahre aller Hunde, der Wolf, jagte seine Beute und hat so ziemlich alles verschlungen, was fressbar war. Wählerisch durfte er nicht sein, denn die Nahrung entschied über Leben und Tod.

Ein Wolf konnte es sich auch nicht leisten, Aas, also ein verwestes totes Tier, liegen zu lassen. Auch das wurde gefressen. Zudem versorgten sich Wölfe gegenseitig. Konnte ein Mitglied der Wolfsfamilie aus irgendeinem Grund nicht an der Jagd teilnehmen, wurde ihm Futter gebracht. Wölfe hatten also allerhand zu tun, was die Nahrungsbeschaffung anbelangte.

Einige Instinkte sind unseren Hunden zwar abhanden gekommen, wie zum Beispiel der Trieb, Rudelmitgliedern Futter zu bringen, wenn diese nicht jagen konnten, aber im Großen und Ganzen ist der Organismus der Hunde darauf ausgerichtet Fleisch, Knochen, Haare, Haut und Mageninhalte zu verdauen.

Nun ist leider nicht möglich, sich alle zwei Tage mit seinem Russell auf die Jagd zu begeben, um für ihn ein Kaninchen zu erbeuten. Der Russell hätte vermutlich seine Freude, aber das ist natürlich unmöglich.

Was der Hund ganz sicher nicht ist: ein Vegetarier und auch kein Körneresser. Das heißt schlicht, der Hund würde nicht glücklich werden, wenn man bei seinem Menü gänzlich auf Fleisch verzichtet oder versucht, ihn mit Produkten aus Getreide zu ernähren. Das soll nicht heißen, dass unsere Russells nicht gern altes Brot essen, mit Begeisterung eine Banane verspeisen oder den Pferden im Stall ihr Kraftfutter mopsen.

Heutzutage teilen sich die Hundehalter, was die Fütterung angeht, in mehrere Lager. Die einen verfüttern Trockenfutter und sind glücklich damit, die anderen ernähren ihre Hunde nur mit Rohkost, das sogenannte „Barfen". Und dann gibt es noch eine Reihe von Hundehaltern, die ihren Vierbeiner mit einer Kombination aus beidem ernähren.

Was ist Barfen?

Der Begriff Barf stammt aus den USA und bedeutet „Bones and raw food" (Knochen und rohes Futter) oder auch „Biological appropriated raw food" (übersetzt „biologisch artgerechte Rohfütterung"). Man orientiert sich dabei an der Ernährung von Wölfen. Um dem gerecht zu werden, verfüttert man dabei ausschließlich rohes Fleisch, Knochen und Gemüse. Mittlerweile haben findige Unternehmen mit ihren Produkten das Barfen wesentlich erleichtert und bieten entsprechendes Fleisch als Tiefkühlkost an.

Was hat sich verändert?

In erster Linie hat sich die Bequemlichkeit der Menschen verändert. Es ist leicht, dem Hund das Trockenfutter in eine Schüssel zu schütten und ihm vorzusetzen. Man will seinen Hund einfach, geruchslos und sauber füttern.

Wenn Hunde früher sehr viele verschiedene Dinge gefressen haben, war der Kot mal weich, mal knochenhart. Heute wird auf eine gute Konsistenz des Kotes geachtet, damit der unangenehme Haufen, der völlig fehlplatziert worden ist, auch weggemacht werden kann.

Zudem haben viele Menschen heutzutage keine Lust mehr, für ihren Hund zu kochen. Die wenigstens wollen sich mit stinkendem Kuttelfleck, waberndem Euter oder schleimigem Schlund herumschlagen, ihn vielleicht noch kochen und dann zerkleinern. Das kostet Mühe und ist vom Geruch her nicht besonders angenehm. Früher ging es aber nicht anders. Es gab nicht diese riesige Fülle an Futtersorten, die alles Wichtige für den Hund enthalten sollen. Der Hund bekam, was da war, und auch diese Hunde waren gesund und wurden alt.

Heute schüttet man dem Hund eigentlich lieblos etwas Trockenfutter in die Schüssel und stellt es ihm hin. Manche bedienen sich der Nassfutterdose, um das Futter aufzupeppen. Für gewöhnlich riecht auch Nassfutter nicht schlecht.

Bedenken Sie bitte, Hunde lieben es auch zu genießen. Hunde mögen Abwechslung. Und harter Kot hat

außerdem die Eigenschaft, die Analdrüse links und rechts am Anus vollständig auszudrücken, was weicher Kot nicht kann.

> *Wenn Sie Ihren Russell nur mit Trockenfutter ernähren möchten, achten Sie auf alle Fälle darauf, dass er immer ausreichend Wasser zur Verfügung hat. Man kann auch das Trockenfutter in Wasser aufgeweicht anbieten. Welpen haben einen besonders hohen Flüssigkeitsbedarf, daher weichen wir ihnen das Trockenfutter immer ein. Säugende Hündinnen müssen auch viel Wasser aufnehmen, um genug Milch produzieren zu können. Hierzu später mehr.*

Wird bei der Ausbildung mit Leckerli gearbeitet, müssen diese Portionen bei der Futterration mitberücksichtigt werden.

Der Speiseplan für den Russell

Wir haben festgestellt, dass Russells am besten und vielseitigsten ernährt werden, wenn man ihnen das Futter mischt. Etwas Trockenfutter, so aufgeweicht, dass es noch etwas kernig ist, etwas Dosenfutter oder frisches Fleisch und dann das, was vielleicht noch übrig ist. Nudeln, Reis, Gemüse, ein Stück Wurst, was auch immer.

Früher hat man den Hunden angewöhnt, ihr Futter recht schnell zu verputzen, denn rohes Fleisch, Pansen oder Kuttelfleck hatte nicht unbedingt den besten Geruch, wurde leicht sauer und Fliegen wollte man im Sommer auch nicht züchten. Wenn man heute Trockenfutter anbietet, kann man es einfach stehen lassen, da es nicht verdirbt und auch kaum riecht. Aber gerade kleine Hunde wie unsere Russells, die auch nur kleine Mengen fressen, entwickeln dadurch eine furchtbar schlechte Fresskultur.

Unsere Welpen bekommen, wenn sie zum allerersten Mal gefüttert werden, ein gutes Nassfutter, das einen großen Prozentanteil Fleisch enthält. Klar, gutes Dosenfutter ist etwas teuer, aber nicht unbezahlbar. Und seien wir ehrlich: Ein Russell frisst nun wirklich keine großen Mengen.

Nassfutter wird von uns immer wieder gern zum Mischen verwendet, auch wenn wir unsere Welpen später an Trockenfutter gewöhnen. Dazu benutzen wir Welpenfutter mit kleinen Kroketten, die wir einweichen, entweder in warmer Milch oder in warmem Wasser. Wir

wollen den Welpen nicht nur etwas zu fressen geben, sondern das Futter auch schmackhaft gestalten.

Sind unsere Welpen ihr Futter dann schon gewohnt, fangen wir an zu mischen. Sie bekommen dann zusätzlich geriebene Äpfel, zermatschte Bananen, Hüttenkäse, Milchprodukte, Nudeln, Reis, Haferflocken, Dinkelflocken, mal etwas Gemüse und auch schon mal ein Stück hartes Brot. Werden sie größer, gibt es schon mal einen Knochen zum Nagen oder gekochte Innereien.

Ziehen sie dann in ihr neues Zuhause, sind sie so ziemlich alles gewohnt, was es nur gibt.

Ich kann jeden verstehen, der Pansen nicht unbedingt selbst kochen will. Es stinkt erbärmlich. Aber mit einem guten Dosenfutter kann man sich Abhilfe schaffen. Dies ist aber wirklich nur im Fachhandel erhältlich, nicht im Supermarkt.

Bei Innereien wie Leber und Niere wird der Stuhlgang generell dunkel und weich bis flüssig. Herz ist ein sehr guter Energie- und Nährstofflieferant, genauso wie roher, ungeputzter Pansen, der noch verdaute Grünteile enthält. Wenn es uns fast den Magen umdreht, dann läuft Ihrem Russell das Wasser im Maul zusammen.

Es gibt aber auch unter den Russell Terriern so manche, die bestimmte Vorlieben entwickeln, und manche fressen einfach alles. Der eine mag kein Gemüse, der andere kein Obst, der Nächste will nur bestimmtes Trockenfutter und der Übernächste kann mit Trockenfutter gar nichts anfangen.

Hunde fressen auch mit Vorliebe gern die Hinterlassenschaft von Pflanzenfressern wie Pferdeäpfel, Kuhfladen, Kaninchenkugeln oder auch das Ausgeschie-

Achtung, Schweinefleisch!

Ein Wort zum Schweinefleisch. Man hört, Schweinfleisch darf wegen des für den Hund tödlichen Suiden Herpesvirus nicht verfüttert werden. Das Schwein ist Hauptwirt dieses Virus, dessen hervorgerufene Krankheit Pseudowut oder auch Aujeszky'sche Krankheit genannt wird. Diese Krankheit ist anzeigenpflichtig. Fleisch aus infizierten Beständen gelangt nicht in den Handel, obwohl diese Krankheit für den Menschen nicht gefährlich ist. Schweinemastbetriebe legen viel Wert darauf, dieses Virus nicht im Bestand zu haben, da es hohe Verluste für den Bauern bedeutet. Also ist die Wahrscheinlichkeit, dass man ein infiziertes Stück Schweinefleisch erwischt, relativ gering. Nachdem es aber in jüngster Zeit wieder einige Todesfälle durch Pseudowut gegeben hat – vor allem bei Jagdhunden, die durch Wildschweine infiziert wurden, die wiederum Hausschweine, die im Freiland gehalten werden, infizieren können – sollte man lieber auf Nummer sicher gehen und Schweinefleisch nur gekocht verfüttern. Dann besteht keine Gefahr.

dene von Schalenwild. Das hat den Grund, da es sich dabei um vorverdaute Pflanzenteile handelt und Hunde sich daraus Nährstoffe holen können, zu denen sie sonst keinen Zugang hätten.

Leider fressen sie auch sehr gern den Kot aus der Katzentoilette, menschliche Hinterlassenschaften oder selbst Hundekot und tauchen danach mit bestialisch stinkendem Maul wieder auf. Nein, man kann ihnen das nicht abgewöhnen. Das gehört zu ihrer Natur. Aber man kann einem Russell beibringen, auf ein Signal hin damit aufzuhören – das bedarf aber konsequenter Erziehung.

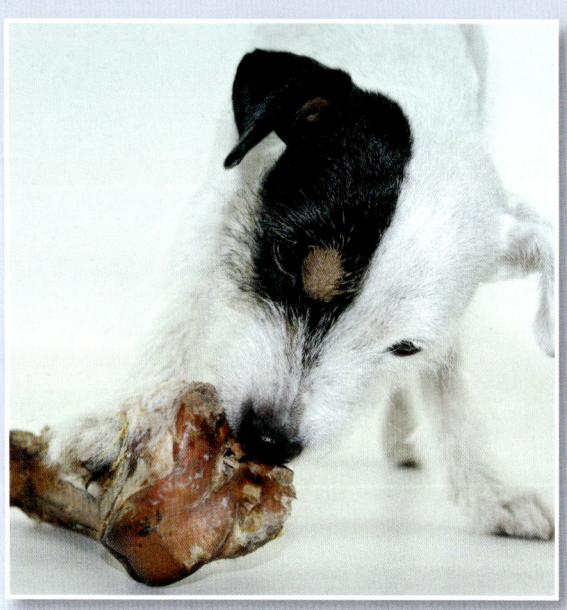

Ein großer Knochen ist ideal für die Zahnpflege.

Füttern von Knochen

Unsere Russells haben auch noch im Alter blitzweise Zähne. Wir mussten noch nie mit einem Hund wegen seiner Zähne zum Tierarzt. Unser Tierarzt weiß mittlerweile, dass wir Knochen verfüttern und nie Probleme damit haben. In Anbetracht der vielen Zahnruinen, die ihm präsentiert werden, hat sogar er seine Meinung über das Knochenfressen geändert.

Um bei anderen Tierärzten nicht komplett in Ungnade zu fallen, hier noch einige Hinweise zum Füttern von Knochen.

Kalbsknochen splittern nicht und sind leichter zu verdauen als andere Knochen. Knochen sind nach wie vor die ideale Zahnpflege. Sie liefern wertvolles Kalzium, ihr Zerbeißen trainiert die Kaumuskulatur, sie schaben den Zahn ab und sorgen dafür, dass er fest im Kiefer bleibt.

Sie sollten jedoch auf Knochen verzichten, wenn der Russell aus gesundheitlichen Gründen keine Knochen fressen darf. Das kann zum Beispiel bei sehr alten Russells der Fall sein oder solchen, die eine Darmkrankheit haben oder schon mal am Darm operiert worden sind.

Wie oft soll man füttern?

Wir füttern generell unsere erwachsenen Russells einmal am Tag, wenn sie keine Welpen säugen. Eine säugende Hündin braucht natürlich mehr. Die Welpen werden von uns zwei- bis dreimal täglich gefüttert, je nachdem, was sie bekommen haben. Ein Nassfutter-

mix hält nicht so lange satt wie eine Mischung aus Trockenfutter und Hüttenkäse.

Sind sie dann acht Wochen alt, kommen sie in der Regel sehr gut damit aus, zweimal am Tag gefüttert zu werden. Dreimal oder gar mehr ist ihnen definitiv zu viel. Außerdem füttern wir unsere Hunde morgens. Und das hat auch seinen ganz bestimmten Grund. Der Stoffwechsel eines Russells funktioniert schneller als jener eines großen Hundes. Es kann durchaus passieren, dass der Hund in der Nacht nicht halten kann und sein Geschäft schließlich im Haus verrichtet. Um dem aus dem Weg zu gehen, füttern wir eben morgens und haben damit in der Nacht unsere Ruhe.

Besondere Zutaten

Unsere Russells bekommen auch regelmäßig Salz und Pflanzenöl ins Futter. Sie werden jetzt sicher sagen: „Salz ist doch schlecht für den Hund." Es waren aber unsere Hunde, die uns eines Besseren belehrten. Unsere Pferde haben reine Salzlecksteine in den Boxen hängen, die sie manchmal stark und manchmal weniger intensiv belecken. Hin und wieder spielen die Pferde auch damit, die Lecksteine zerbrechen und die einzelnen Stücke fallen auf den Boden. Unsere Russells holten sich diese Brocken, verkrümelten sich damit, leckten und nagten eine Zeit lang daran und überließen den Rest dann einem anderem. Das war ein deutliches Zeichen, dass auch ein Hund Salz braucht. Seitdem geben wir immer mal wieder eine Prise dazu.

Öl bekommen sie, seitdem eine unserer Hündinnen ausgelaufenes Sonnenblumenöl einfach so aufleckte. Wir haben nie bemerkt, dass es ihnen schadete. Ganz im Gegenteil. Wir füttern Salz, wenn Hunde leichten Durchfall haben, das bindet sofort, und das Öl sorgt dafür, dass das Fell glänzt wie eine Speckschwarte. Zudem schmeckt es den Hunden mehr als gut, weswegen wir ihnen das gern geben.

Obst ist so eine Sache. Manche mögen es, mache auch nicht. Unsere Russells sind teilweise wild auf Apfel – aber nur in Stückchenform. Manche mögen auch überreife Bananen und wenn sie den Pferden Karotten klauen dürfen, werden auch die gefressen. Wir lassen ihnen den Spaß, denn es kann nicht ungesund sein, Vitamine in Form von Obst oder Gemüse in sich hineinzufuttern.

Wie viel braucht ein Russell?

Ich werde auch immer wieder gefragt, wie viel denn nun so ein Russell fressen soll, darf oder muss. Ich möchte Ihnen jetzt nicht erklären, wie viel Gramm so ein Hund am Tag fressen muss, da Russells ganz verschieden sein können und somit auch unterschiedliche Fressbedürfnisse haben. Junghunde, die wachsen, können von einer Woche auf die nächste mehr brauchen, da sie auf einmal ein Stück wachsen. Grundsätzlich kann man sagen: Ist der Hund schlank, hat er eine Taille und ist flott auf den Beinen, dann stimmt Ihre Fütterung. Ist der Hund etwas mager und knochig oder schaut der Welpe auf einmal etwas

Sauberes Fell und weiße Zähne – eine Voraussetzung dafür ist die richtige Ernährung.

mager aus, dann bekommt er zu wenig. Das kommt aber eher ganz selten vor, denn viel öfter ist mir ein viel zu dicker Russell gezeigt worden.

Von leichtem Hüftspeck bis hin zu einem tonnenförmigen Erscheinungsbild ist mir schon alles vorgestellt worden. Diese Hunde erhalten definitiv zu viel des Guten.

Die Regel besagt, dass ein Jack Russel kaum über einen viertel Liter Trockenfutter braucht. Die meisten kommen mit einem achtel Liter aus. Versuchen Sie es mal, nehmen Sie ein Litermaß und messen Sie ihr Futter grob ab. Parson Russel Terrier brauchen manchmal etwas mehr als Jackis.

Barfen Sie oder kochen Sie für Ihren Hund, wird auch die Menge etwas mehr, da frisch zubereitetes Futter nicht so lange satt hält. Wollen Sie zweimal am Tag füttern, dann muss das Futter auf zwei Portionen aufgeteilt werden. Denn bekäme Ihr Russel morgens ei-

nen halben Liter Trockenfutter und abends einen halben Liter, hätten Sie bald keinen Russell mehr, sondern eine Bowlingkugel.

Unsere kleine Jacki-Hündin kommt mit einer Handvoll Trockenfutter aus und hat eine kernige Figur. Mehr schlägt sich sofort auf den Rippen nieder. Ihre Tochter mit ziemlich derselben Größe braucht allerdings die dreifache Menge, um satt zu werden. Sie wird nicht dick. Auffallend ist auch, dass Rüden mehr brauchen als Hündinnen. Unser Jacki-Rüde ist beleidigt, wenn er seinen halben Liter nicht erhält. Auch er ist fit, schlank und neigt nicht zum Dickwerden.

Zudem sollte man bedenken, dass auch Leckerli den Magen füllen. Ein ganzes Schweineohr kann sogar eine Mahlzeit ersetzen.

Für uns gilt: Alles was der Hund in zwei Minuten frisst, ist okay. Geht er weg oder bleibt etwas übrig, wird das weggestellt. So erziehen wir die Hunde zu guten Fressern.

Füttern Sie mit Gefühl und Verstand. Den meisten Russells geht es zu gut. Sie sind zu dick. Ich kenne kaum einen Russell, der zu dünn ist. Welpen brauchen anfangs nicht viel, aber ihr Nahrungsbedarf wächst ständig, bis sie ausgewachsen sind, während er bei alten Hunden oft abnimmt.

Schaut ihr Russell fit, mobil, schlank und kernig aus, dann passt die Menge.

Was unsere Russells sonst noch so finden, wenn sie den Misthaufen umpflügen, will ich noch nicht mal wissen. Wenn einer von Ihnen eine Maus, einen Vogel oder irgendein anderes Getier erwischt, wird auch das gefressen, ohne etwas übrig zu lassen. Es hat sich nie nachteilig auf den Gesundheitszustand ausgewirkt – es ist allenfalls ekelhaft. Wer schmust schon gern mit einem Hund, der eine Stunde vorher eine Ratte gekillt und gefressen hat oder vielleicht am Vormittag einer Schlange den Gar ausgemacht und sie mit einem Kollegen genüsslich verspeist hat? Es ist lediglich ratsam, die Futtermenge der Jagdlust anzupassen, denn nach so einem Mahl ist der Hunger wirklich nicht mehr groß.

Ein Russell sollte immer eine gute Figur behalten.

Was tun bei Durchfall?

Hunde haben schnell mal weichen Stuhlgang oder Durchfall. Dabei ist der Stuhl breiig bis flüssig. Das muss aber nicht unbedingt heißen, dass Ihr Hund krank ist. Hat er etwas gefressen, was der Magen nicht so richtig verdauen konnte, dann will sich der Körper davon befreien, und zwar schnell. Der Russell hat dann Durchfall. Ist der Hund sonst fit, lebenslustig und gut drauf, reicht es, ihn einen Tag lang hungern zu lassen. Also keine Leckerli und keine Tagesmahlzeit. Bei der nächsten Fütterung etwas Salz mit dazumischen und schon kann der Hund wieder normal sein Geschäft verrichten. Meist sind diese Durchfälle genauso schnell wieder verschwunden, wie sie gekommen sind.

Lästig wird der Durchfall dann, wenn Sie die Fressgewohnheiten des Hundes umstellen wollen. Sie geben ihm etwas mehr Selbstgekochtes und weniger Fertignahrung. Aber der Hund reagiert mit Durchfall. Dieser Durchfall hat einen ganz bestimmten Grund. Der Darm ist, genauso wie der Hund selbst, ein Gewohnheitstier. Bekommt der Hund immer dasselbe, stellt sich der Darm darauf ein. Bekommt er nun etwas anderes, schreit der Darm erst mal Rache. Der Hund bekommt Durchfall, weil er etwas gefressen hat, was er nicht gewohnt ist. Dieser Durchfall ist nicht krankhaft, sondern der Körper protestiert gegen das Ungewohnte. Was nicht vorn rauskommt, kommt eben hinten raus – und das relativ fix.

Diese Umstellung braucht Zeit. Fügen Sie nur allmählich dem bisherigen Futter immer mal wieder etwas anderes hinzu. Dazwischen gibt es Tage mit der herkömmlichen Nahrung. Es wird eine Zeit dauern, aber der Darm gewöhnt sich langsam an das „Neue" und irgendwann wird Ihr Hund seine Erbsen, seine Karotten oder was auch immer fressen, ohne Durchfall zu bekommen.

Auch Knochen können anfänglich Durchfall verursachen. Erst wenn der Hund Knochen gewohnt ist, wird er durch die Knochen einen sehr festen Stuhl bekommen, der die Analdrüsen richtig ausdrücken kann.

Mein Russell ist zu dick

Leider gibt es sehr viele Russell Terrier, die zu dick sind. Die Ursache ist fast immer eine falsche Fütterung. Geben Sie Ihrem Hund dann eine kleine Ration am Morgen und etwas Klitzekleines am Abend. Nicht mehr. Frisst er das angebotene Futter nicht, gibt es eben nichts. Irgendwann reduzieren Sie die Ration auf einmal täglich, den Bedürfnissen des Hundes angepasst. Was übrig bleibt, war einfach zu viel. Wer seinen Hund zum Fressen zwingt – auch wenn es gut gemeint ist, da man sich einbildet, er müsse etwas essen –, ist auf dem besten Weg, ihn zu einem Moppelchen zu machen.

Leckerli sind tabu, genauso die guten Sachen wie Sahne, Joghurt, Schokolade, Süßigkeiten und was sonst noch so alles gefüttert wird. Hier muss man sehr konsequent sein, denn wenn der Russell mit

angeblich hungrigem Blick bei Tisch sitzt und erwartungsvoll bettelt, sollten Sie die Härte besitzen, ihn sofort in sein Körbchen zu schicken. Sie wollen einen schlanken, gesunden Hund, also füttern Sie ihn nicht rund. Ihr Hund wird nicht von allein dick, er wird von Ihnen dick gemacht.

Mein Russell ist viel zu mager

Auch das gibt es: Hunde, die einfach zu dünn sind, die jedes Futter zu verweigern scheinen und nicht zunehmen.

Haben Sie Ihren Hund von einem Tierarzt untersuchen lassen? Ist er organisch gesund, dann erziehen Sie ihn zu einem halbwegs guten Esser.

Es bringt nichts, einem dünnen Hund ein Futter vorzusetzen, das ihm absolut nicht schmeckt. Er wird es nicht fressen und hungern ist er ja gewohnt.

Finden Sie ein gutes Futter, das er fressen will. Die meisten Hunde fressen ein gutes und biologisches Nassfutter gern und nehmen auch gekochte Innereien wie Herz, Lunge, Kuttel und Euter meist an. Manche Händler bieten vorgekochtes und zerhacktes Futter gefroren an. Wenn man nicht selbst kochen will, ist das eine gute Alternative. Frisst Ihr Russell das, bleiben Sie dabei, aber begehen Sie nicht den Fehler, ihn über alle Maßen damit zu füttern. Das ist Quatsch und wird dem Hund nicht helfen, ein guter Fresser zu werden.

Zuerst muss sich der Magen an eine regelmäßige Nahrungsaufnahme gewöhnen. Frisst Ihr Hund das dargebotene Fleisch, dann füttern Sie ihn morgens und abends in kleinen Portiönchen damit. Keine Leckerli! Hat der Hund Bauchweh, wird er wieder nicht fressen. Füttern Sie konsequent nur zu den vorgegebenen Zeiten und gehen Sie mit Ihrem Hund viel an die frische Luft und bewegen Sie ihn.

Beginnt der Russell jetzt regelmäßig zu fressen, so stellen Sie ihn auf eine Einmalfütterung um. Zuerst etwas mehr morgens und etwas weniger abends, bis die Abendfütterung wegfällt und nur noch zum Beispiel ein Schweineohr daran erinnert.

Lässt Ihr Russell sein Futter stehen oder rührt es nicht an, dann nehmen Sie es und lassen ihn wieder hungern – zumindest einen Tag. Hunger ist ein guter Lehrmeister und Ihr Hund wird lernen, dass er das, was er bekommt, auch besser fressen soll, da es eben sonst nichts mehr gibt. Das ist schwer, ich weiß, aber hilfreich.

Haben Sie mehrere Tiere, vielleicht noch eine Katze oder einen zweiten Hund, können Sie die beiden Tiere gemeinsam füttern, da das den Futterneid erhöht.

Frisst Ihr Hund jetzt schon regelmäßig, können Sie versuchen, etwas aufgeweichtes Trockenfutter unter sein Futter zu mischen. Die meisten Hunde nehmen das jetzt problemlos an und suchen nicht darin herum. Allerdings werden solche Hunde vermutlich nicht auf reines Trockenfutter umzustellen sein, da ihnen das einfach zu öde ist und nicht schmeckt. Gewöhnen Sie sich daran, dass Ihr Hund einen anderen Geschmack hat.

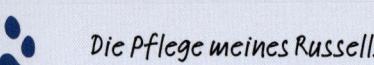

Die Pflege meines Russells

Fellpflege

Auch wenn Russell Terrier zu den pflegeleichteren Hunderassen gehören und nicht so häufig zum Friseur müssen, gibt es doch so einige Pflegemaßnahmen, die mehr oder weniger häufig durchgeführt werden sollten – einerseits für ein schönes Aussehen, andererseits zur Gesunderhaltung.

Fellpflege

Generell sind die kurzhaarigen Parson und Jack Russell Terrier recht pflegeleicht. Während des Fellwechsels sollte man sie öfter bürsten, damit die losen Haare nicht überall auf dem Teppich, auf der Couch oder wo auch immer herumfliegen. Ist der Fellwechsel vorbei, braucht man noch nicht mal mehr eine Bürste. Ist es draußen nass und matschig und ist der Russell nach einem Spaziergang recht schmutzig, reicht ein Handtuch, um ihn abzuwischen. Der Bauch und die Beine sind dann schnell sauber und trocken und der Hund kann in die Wohnung entlassen werden. Beim broken-coated oder rauhaarigen Russell braucht man die Bürste etwas öfter, da sich das Fell verlegt und in alle Richtungen absteht. Damit der Russell dann nicht aussieht wie eine ausrangierte Schuhbürste, ist es notwendig, das Fell hin und wieder zu bürs-

ten. Wir benutzen dazu eine weiche Drahtbürste mit Noppen. Diese Softbürsten werden meist für Katzen verkauft, sind aber für das Fell und die Haut unserer Russell ein Segen. Die Drahtbürste darf ruhig etwas härter sein, muss aber Noppen besitzen, damit man nicht über die Haut des Hundes kratzt, was nicht angenehm ist.

Will man ihn wirklich gründlich bürsten, ist es notwendig, das Fell in alle Richtungen zu durchpflügen, also nicht nur mit dem Strich, sondern auch dagegen. Wir halten gern auch Teile des Felles fest, bürsten jenes darunter aus und arbeiten uns so Stück für Stück vorwärts. Die Haare, die man jetzt in der Bürste hat, landen zumindest nicht auf dem Teppich.

Sollte man einen Russell baden?

Wir sind keine Befürworter des häufigen Waschens. Hunde haben ein Fell, das sich normalerweise selbst reinigt und das mit einem Schutzfilm versehen ist, den man wegwäscht, wenn der Hund in die Wanne kommt. Wir beschränken das Baden unserer Hunde auf Tage, an denen sie sich in Unrat gewälzt haben und drei Kilometer gegen den Wind stinken. Der Schmutz wird dann bei uns natürlich abgewaschen.

Was soll man aber dafür verwenden: nur Wasser, ein Hundeshampoo oder normale Seife? Stellen Sie sich

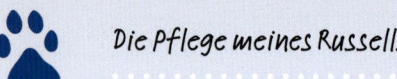

Jetzt ist wohl doch ein Bad fällig!

Schluss gekommen, dass normales Haarshampoo Hundefell, das wirklich verdreckt ist und stinkt, weit besser reinigt als Hundeshampoo. Wir haben weder bemerkt, dass es den Hunden schlecht bekam oder dass die Haut irritiert war, noch haben die Hunde Ausschlag oder sonstige Erkrankungen bekommen. Gehören Sie allerdings zu der Sorte Hundebesitzer, die ihren Hund wöchentlich in die Wanne stecken wollen, dann würde ich doch ein Hundeshampoo empfehlen. Überlegen Sie aber bitte, ob das wirklich sein muss, denn gesund ist das mit Sicherheit nicht, sondern befriedigt nur den Wunsch der eigenen Sauberkeit.

Manche rauhaarigen Hunde, die hell bis weiß sind, haben im Sommer ein nahezu graues Fell, da jeglicher Dreck haften bleibt. Dann kann ein Bad auch mal vonnöten sein, um zu sehen, welche Farbe der Hund denn eigentlich hat.

Die Sache mit dem Trimmen

Wer sich die Prozedur mit dem Baden nicht antun will oder seinen rauhaarigen Hund von einem Fachmann stylen lassen möchte, der kann auch einen Hundefriseur aufsuchen.

Es wird immer empfohlen, den rauhaarige Russell Terrier mehrmals im Jahr zu trimmen, was besonders gern vor Ausstellungen vorgenommen wird.

Grund dafür ist, dass bestimmten Terrierrassen ein sehr dichtes, rauhaariges Fell angezüchtet worden ist, um sie bei allen Witterungsverhältnissen mit auf die

vor, Ihr Russell hat ein totes Tier gefunden, das schon seit einigen Tagen im Sommer so vor sich hin fault, und findet es absolut toll, sich darin mit Wonne zu wälzen. Glauben Sie mir, diesen Hund wollen Sie garantiert nicht mehr anfassen, geschweige denn hochnehmen oder gar auf die Couch hüpfen lassen. Und diesen fürchterlichen Mief bekommt man mit klarem Wasser ganz sicher nicht mehr weg.

Ob man nun ein Hundeshampoo verwenden sollte oder auch mal zu einem Shampoo für Menschen greifen kann, hängt von der Situation ab. Wir haben unsere Hunde bereits mit Hundeshampoo gebadet, und dabei sowohl gute als auch schlechte Shampoos erwischt. Und wir haben sie auch schon mit unserem eigenen Shampoo gewaschen. Dabei sind wir zu dem

Jagd nehmen zu können. Angeblich findet dann der natürliche Fellwechsel nicht mehr statt und das dichte Deckhaar muss ausgerissen werden, um den Hund gesund zu erhalten. Lose Unterwolle kann hingegen wohl problemlos ausgebürstet werden.

In der ganzen Zeit, in der ich mit Jack und Parson Russells zu tun habe, sind mir noch keine Hunde untergekommen, die so ein dichtes Fell hätten, dass ihnen das Deckhaar ausgerissen werden musste. Sie wurden nur getrimmt, um ihnen ein schöneres Aussehen zu verleihen. Allerdings wurde dies auf Ausstellungen schon beanstandet, da man die genaue Konsistenz des Felles nicht richtig beurteilen konnte, wenn der Hund getrimmt oder sogar geschoren war.

Geschoren werden rauhaarige Russells meist dann, wenn es im Sommer sehr heiß ist, um sie besser sauber halten zu können und um ihnen den Pelz etwas zu lüften. Allerdings kommt der nächste Winter meist schneller als der Pelz nachwachsen kann, was dazu führt, dass der Hund friert oder bis auf die Haut nass wird. Grundsätzlich ist das Scheren eines Russell Terriers daher nicht zu empfehlen.

Ein rauhaariger Russell darf sein strubbeliges Fell ruhig behalten.

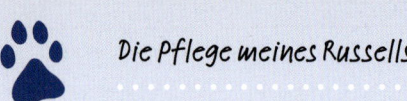
Körperpflege

Außer der Fellpflege steht bei jedem Hundehalter natürlich auch die Körperpflege mit auf dem Programm, die vor allem dazu da ist, Krankheiten, Verletzungen oder Parasitenbefall vorzubeugen und gleichzeitig bei seinem Vierbeiner regelmäßig kontrollieren zu können, ob alles in Ordnung ist. Was man bei bestimmten Notfällen unternehmen muss, steht in zahlreichen anderen Büchern. Hier möchte ich nur kurz auf die regelmäßige Pflege eingehen, die bei den Russells zum Glück keinen großen Aufwand erfordert.

Krallen- und Pfotenpflege

Die Krallenpflege gestaltet sich normalerweise als relativ einfach. Geht der Hund häufig genug auch auf harten Untergründen spazieren, darf er rennen, hüpfen und auch mal dort und da graben, dann nutzen sich seine Krallen ganz von allein ab. Kommt Ihr Russell aber nicht ganz so häufig raus, läuft er meistens auf weichem Boden oder im Garten, dann werden die Krallen vermutlich zu lang, da der natürliche Abrieb nicht möglich ist.

In dem Fall bleibt einem wohl nichts anderes übrig, als die Krallen zu kürzen. Das kann man selbst oder auch vom Tierarzt durchführen lassen. Da die feinen Blutgefäße bis in die Krallen reichen, lassen Sie sich vom Tierarzt zeigen, wie man die Krallen richtig kürzt, ohne dass es blutet und dem Hund Schmerzen zugefügt werden. Später können Sie dann das Krallen-schneiden mit einer richtigen Krallenzange selbst durchführen.

Im Winter sollte man gerade dort, wo viel Salz gestreut wird, auf die Pfotenballen achten. Durch starken Frost, Salz und Wasser werden die Pfotenballen angegriffen. Es hilft, wenn man dem Hund vor dem Spaziergang die Pfoten mit speziellem Pfotenbalsam, Hirschtalg oder Vaseline einreibt. Das Fett schützt die Pfoten und hält das Salz zumindest eine Zeit lang ab. Nach dem Spaziergang sollten die Pfoten gut gereinigt werden, um Salz und Reste des Fetts zu entfernen.

Zahnpflege

Auch bei der Zahnpflege bedienen wir uns natürlichen Dingen und malträtieren unsere Hunde nicht mit Zahnbürste und Zahnpaste. Unsere Russells erhalten von klein auf rohe Knochen zu fressen. Dabei reibt der Zahn am Knochen vorbei und der Belag wird abgeschabt. Nachdem unsere Hunde generell keine Mahlzähne besitzen, sondern Zähne, die zum Reißen (Beute) und Zerlegen von Fleisch und Knochen gedacht sind, schabt der Hund auch mit den hinteren Zähnen an einem Knochen und hält sie somit sauber.

Doch der Knochen kann noch mehr. Er ist der beste Kalziumlieferant, den man sich denken kann, er trainiert die Kaumuskulatur des Hundes und sorgt dafür, dass der Zahn fest im Zahnfleisch sitzen bleibt, da die Zähne regelmäßig für das gebraucht werden, wofür sie eigentlich da sind.

Hier ist keine spezielle Zahnpflege erforderlich.

Ohren- und Augenpflege

Ohren und Augen benötigen keine besondere Pflege, wenn alles gesund ist. Pflege wird hierfür erst notwendig, wenn sich die Augen entzünden oder sich vielleicht Ohrmilben eingeschlichen haben. Sind ein oder beide Augen verklebt oder kratzt sich der Hund ständig an einem oder beiden Ohren, dann ist etwas nicht in Ordnung und Sie sollten den Tierarzt aufsuchen. Die Ursache muss gefunden und beseitigt werden, dann ist alles wieder okay. Es ist nicht nötig, das Innenohr des Hundes ständig mit irgendwelchen Tinkturen zu beträufeln oder die Augen immer auszuwischen. Gesunde Ohren und Augen benötigen keine separate Pflege.

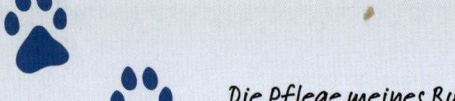

Ist ein Hundemantel sinnvoll?

Braucht Ihr Hund eine Bekleidung oder ist das nur eine Modeerscheinung? Ich war früher, als unumstößlicher Landmensch, der Meinung, dass Tiere ein Fell besitzen und keine Kleidung benötigen. Im Grunde vertrete ich auch heute noch diese Meinung, allerdings gibt es Situationen, in denen so mancher Hund der Kälte und den Schneeverhältnissen in unseren Breitengraden nichts mehr entgegenzusetzen hat.

Im Laufe meines Lebens mit Hunden habe ich gelernt, dass es ausgebildeten Lawinenhunden leichter fällt, in frostiger Kälte am Lawinenkegel zu suchen, wenn sie dort warm ankommen, weswegen die Hundeführer ihren Hunden maßgeschneiderte Mäntel anziehen,

um die Muskeln warm zu halten. Das ist eigentlich einleuchtend. Auch unseren Pferden, gerade wertvollen Sportpferden, werden im Winter Decken übergezogen. Einerseits, damit das Tier nicht kostbare Energie vergeudet, und andererseits, damit die Muskeln warm bleiben.

Manche Russells haben auch ein höheres Wärmebedürfnis als andere, wodurch sie einfach dankbar für eine Decke sind. Dennoch sollte man immer daran denken, dass auch kurzhaarige Russells ein dichtes Fell bekommen und Bewegung ebenso wärmt wie der warme Ofen. Machen Sie bitte aus Ihrem Russell keinen Hund, der einen Mantel, einen Schal und Pfotenschuhe zu tragen hat. Der Hund soll Hund bleiben und nur bei Bedarf mit einem wärmenden Pullover oder Mantel geschützt werden.

Am Anfang unserer Zeit als Züchter hatten wir einen Jack-Russell-Wurf mitten im Winter. Das Gesäuge der Hündin hing natürlich nach unten, und zwar ziemlich dicht über der Erde. Es brauchte nicht viel Schnee, damit die Hündin ihr Gesäuge durch das kalte, weiße Zeugs zog. Ich hätte es fast übersehen. Die Hündin zitterte wie Espenlaub und ihr nacktes Gesäuge war hochrot und eiskalt.

Daraus habe ich gelernt, denn ich stellte mir diese Verhältnisse am eigenen Leib vor. Keine Frau geht mitten im Winter mit nacktem Oberkörper hinaus, um spazie-

ren zu gehen – und schon gar nicht, wenn sie stillt. Um unserer Hündin trotzdem die Möglichkeit zu geben, mit uns hinauszugehen, strickte ich ihr einen Pullover, eine Art Schlauch, in den ich sie steckte: vorn eine Öffnung für den Kopf und für die Vorderpfoten und hinten zwei Schlaufen für die Hinterpfoten. Ich ließ genauso viel Platz, dass die Hündin ihre Geschäfte verrichten konnte und trotzdem das Gesäuge komplett eingepackt war. Somit blieb die nackte Haut mitsamt Zitzen warm und die Hündin konnte draußen herumrennen.

Tipp für den Winter

In diesem Zusammenhang noch ein Tipp am Rande: Wenn ihr rauhaariger Russell ständig dicke Schneeklumpen am Fell hängen hat, dann sprühen Sie ihn mit einem Mähnenspray für Pferde etwas ein. Dieses Liquid verhindert, dass sich lange Mähnen- und Schweifhaare verknoten und Dreck darin hängen bleibt, da die Haare rutschig werden. Das Gleiche gilt auch fürs Hundefell. Es wird leicht rutschig und der Schnee bleibt nicht mehr so leicht haften

Normalerweise reicht das natürliche Fell aus als Schutz vor Eis und Schnee.

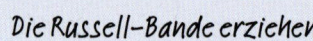

Die Russell-Bande erziehen

B evor ich nun anfange, an meinem Hund erzieherisch herumzudoktern, sollte ich mir über einige Dinge im Klaren sein, die das Auskommen mit meinem Hund ungemein erleichtern, aber über die kaum einer nachdenkt.

Zuerst gehört der Mensch erzogen

Zunächst möchte ich kurz auf die Dinge eingehen, die Sache des Menschen sind, da der Hund darauf keinen Einfluss haben kann, die aber in der heutigen Zeit sehr wichtig sind.

Hinterlassenschaften wegräumen

Niemandem macht es Spaß, in einen Hundehaufen zu treten. Obwohl es Glück bringen soll, ist es widerlich. In der Stadt hat der Hund kaum die Möglichkeit, eine Grünfläche zu benutzen, was in seiner Natur liegen würde, sondern er lernt, auf Beton oder Asphalt sein Geschäft zu verrichten. Es sollte selbstverständlich sein, mit einem kleinen Beutel diese Hinterlassenschaft wieder wegzuräumen und in den nächsten Abfalleimer zu werfen.

Es gibt genug Menschen, die keine Hunde mögen, aber deren Hass muss man ja nicht gewaltsam schüren.

Lassen Sie Ihren Hund außerdem nicht unbedingt an Hausmauern pinkeln. Es ist unhygienisch und ekelhaft, wenn jeder zweite Hund dieselbe Hausmauer benutzt. Dadurch wird die Mauer nicht nur verunreinigt, sondern auch ruiniert. Der Urin frisst sich ins Mauerwerk und verursacht nicht ganz unerhebliche Schäden. Wenn Ihr Hund dringend muss, dann suchen Sie sich einen Platz, wo das möglich ist, ohne dass man fremde Gebäude oder den Gehsteig dazu verwenden muss. Stellen Sie sich vor, es wäre Ihr Haus oder Ihre Gartensäule. Und jeder Hund würde daran pinkeln, bis man beim Vorbeigehen den Ammoniakgestank schon von Weitem in die Nase bekommt. Das muss nicht sein.

Selbst auf dem Land in der winzig kleinen Gemeinde, in der ich wohne, habe ich beobachtet, dass es Menschen ganz sorglos zugelassen haben, dass ihre Hunde entweder mitten auf der Straße ihr Geschäft verrichteten oder an Hausmauern pinkelten, obwohl es hier Bäume, Büsche, Wald und Wiesenwege in Fülle gibt. Etwas mehr Rücksicht würde Streitereien sicher vorbeugen.

Kinderspielplätze sind nicht für Hunde da

Denken Sie daran, dass Sie als Hundebesitzer immer die zweite Geige spielen. An erster Stelle steht immer

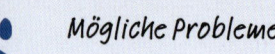

der Mensch und ganz oben stehen die Kinder! Kinderspielplätze heißen deswegen Kinderspielplätze, weil sie Kindern vorbehalten sind. Ein Hund ist kein Kind und hat auf einem Kinderspielplatz sicher nichts verloren. Haben Sie beides und wollen mit beiden auf einen Kinderspielplatz, dann ist es sicher nicht so schwierig, den Hund anzuleinen und abseits des Kinderspielplatzes anzubinden, wo er eben warten muss, bis Sie mit Rutschen und Schaukeln fertig sind. Es kann nicht sein, dass Ihr Hund kreuz und quer über den Spielplatz läuft, die Kinder ganz lustig findet, manche vielleicht mit seinem quirligen Russell-Temperament erschrickt, manche Mütter unmutig stimmt und überall sein Bein hebt. Zudem sei dazu gesagt: Sie können in Ihren Hund nicht hineinschauen. Selbst der friedlichste Hund der „Ach-der-tut-nix" oder „Der-will-nur-spielen" hat schon zugebissen und wurde dann zum „Das-hat-er-noch-nie-getan". Ihr Russell ist eine Persönlichkeit, ein Lebewesen, das frei entscheidet. Und wenn sich der Russell anders entscheidet, als Sie es möchten, dann hätten wir wieder einen Hundeunfall.

Rücksicht nehmen

Läuft ihr Russell frei, dann nehmen Sie Rücksicht auf Menschen, die sich vielleicht fürchten. Wenn jemand offensichtlich Angst vor Ihrem auch noch so kleinen Hund hat, dies auch äußert und zudem den Wunsch hat, dass Sie den Hund anleinen, dann tun Sie das auch. Hunde erkennen die Angst eines Menschen und reagieren dann ganz anders als sonst. Zudem ist es nicht Ihre Aufgabe, einem Menschen klarzumachen, dass er keine Angst zu haben braucht. Er wird wissen warum. Akzeptieren Sie, dass es so ist, und leinen Sie Ihren Hund einfach an. Der Mensch wird es Ihnen danken und Ihnen bricht dabei kein Zacken aus der Krone. Bringen Sie Ihrem Russell generell bei, dass andere Menschen tabu sind. Es soll nicht zu Fremden hinrennen, sie anspringen oder gar dreckig machen. Ihr Russell hat sich einfach nicht für andere zu interessieren. Tut er es doch, dann muss er abrufbar sein und zu Ihnen kommen, um angeleint zu werden.

In manchen Situationen sollte der Russell angeleint bleiben und muss auch mal abwarten können, bis er wieder „an der Reihe" ist.

Halten Sie außerdem die Augen offen und seien Sie vorausschauend. Sie brauchen sich bestimmt nicht provozieren zu lassen, wenn Sie mit Ihrem Russell zur falschen Zeit am falschen Ort sind. Sollten Sie allerdings bemerken, dass ein bestimmtes Verhalten Ihres Hundes andere in Angst oder Wut treibt, dann stellen Sie dieses Verhalten sofort ab. Schlechtes Verhalten zu übersehen, führt immer irgendwann zu Streitereien und das muss sicher nicht sein.

Wenn man also einfach versucht, sich mit seinem Hund so zu verhalten, dass sich niemand über ihn beschweren kann, sich auch nicht zu schade ist, sich zu entschuldigen, sollte der Hund doch mal seinen Pfotenabdruck auf der Kleidung eines anderen hinterlassen haben, Orte und Plätze zu meiden, wo man von vornherein weiß, dass dort Tiere nicht erwünscht sind, und auch sein kleines Häufchen aufzuheben, dann hat man in der Welt Hund und Mensch schon halb gewonnen.

Erziehen oder Abrichten?

Sie werden das mit Sicherheit auch schon vernommen haben: Ein Hund gehört in eine Hundeschule, er gehört abgerichtet, er muss eine Prüfung ablegen und Sie brauchen den Hundeführerschein.
Jack und Parson Russell Terrier gehören zwar nicht zu den gefährlichen Hunden, aber es ist auf jeden Fall nicht verkehrt, auch mit ihnen eine Ausbildung und

Prüfung zu absolvieren, um einen entsprechenden Nachweis in der Hand zu haben.
Aber es gibt auch andere Meinungen dazu wie: „Der Russell ist doch so klein. Den brauche ich nicht abzurichten. Für was denn?" Oder vielleicht doch?

Hundeführerschein
Ob man einen Hundeführerschein haben muss oder nicht, hängt einerseits von der Hunderasse und andererseits vom Land beziehungsweise in Deutschland vom Bundesland ab. Wer einen der sogenannten Kampfhunde führt, muss in einigen Bundesländern sowie in Österreich einen Hundeführerschein haben. Es gibt auch die Möglichkeit, von der Hundesteuer für eine gewisse Zeit befreit zu werden oder eine Vergünstigung zu erhalten, wenn man einen Hundeführerschein hat, unabhängig von Hunderasse und -größe.
In der Schweiz müssen seit 2010 alle Hundehalter vor dem Kauf eines Hundes einen Hundeführerschein nachweisen.

Hier möchte ich zuerst mal eine Grenze zwischen Erziehen und Abrichten ziehen. Unter Erziehung verstehe ich, dem Hund zu zeigen, was er mit mir und in meinem Umfeld beziehungsweise in meiner Familie tun darf und was nicht. Die Erziehung eines Hundes beginnt mit dem Moment, in dem er zum ersten Mal durch die Haustür schreitet.

Sie wollen, dass der Hund nicht hineinpinkelt und auch nicht die Ecken des Perserteppichs (sollten Sie einen haben) anknabbert. Auch der Topf der Yuccapalme wurde nicht dazu hingestellt, um darin zu buddeln. Ebenso ist der Futternapf der Katze nicht dafür da, um der Samtpfote generell ihr Futter zu stehlen. Und Menschen stellen ihr Essen auch nicht auf den Tisch, damit es vom Jack geklaut werden kann. Hausschuhe sind nicht dazu erfunden worden, um sie in den Garten zu verschleppen und so gut zu verstecken, dass sie nicht mehr gefunden werden. Kinderspielzeug ist ebenfalls den Kindern vorbehalten. Und es gehört auch nicht zum guten Ton, ununterbrochen zu bellen, weil man Aufmerksamkeit einfordern möchte. Auch das Jammern in der Nacht, weil man vielleicht im Vorraum bleiben muss, aber nicht will, ist unerwünscht. Ebenso soll der Russell, der gerade von einem langen Spaziergang bei Schmuddelwetter nach Hause kommt, nicht mit all seinem Dreck sofort auf die Couch springen, seine Pfoten und die Schnauze in den Polstern abwischen und sich dann in die Decken kuscheln.

Als Hundehalter sind das Dinge, die man vielleicht nicht unbedingt will und Worte wie „Nein", „Pfui", „Lass das", „Spinnst du" werden zur täglichen Routine. Dem Hund zu sagen, was er tun soll und darf und was nicht, ist Erziehung, genauso wie man es mit Kindern macht. Auch kleine Kinder müssen lernen, dass die verlockendsten Sachen nicht immer die besten sind.

So ist es ideal: Der Russell konzentriert sich auf seinen Menschen und wartet auf die nächste Übung.

Werden die Kinder größer, werden die Verlockungen auch größer und die Erziehung geht in andere Bahnen, hört aber nicht auf. Beim Hund ist das ebenso. Je größer der Hund wird, desto größer werden auch die Dummheiten, mit denen er sein Leben bereichert, und die Erziehung muss sich in anderen Dimensionen bewegen. Sie hört aber ein Hundeleben lang nicht auf, da ein Russell immer wieder versuchen wird, dieses oder jenes zu tun, was er eigentlich nicht darf, weil eben die Verlockung so viel größer war.

Unter Abrichten verstehe ich, dass ein Hund auf ein bestimmtes akustisches oder sichtbares Signal etwas macht. Das heißt, sage ich zu meinem Hund „Sitz" und er setzt sich, ist das ein Signal, dass ich ihm beigebracht habe. Legt er sich auf „Platz" hin oder rollt bei „Mach eine Rolle" über den Boden oder bringt mir auf „Bring Balli" seinen Ball, dann habe ich meinen Hund dazu „abgerichtet", auf ein bestimmtes Kommando hin etwas zu tun.

In den meisten Hundeschulen, die ich bisher kennengelernt hat, erzieht man den Hund nicht, sondern man richtet ihn mithilfe von Hör- und/oder Sichtzeichen ab, damit der Hund das tut, was man von ihm verlangt. In guten Hundeschulen lernt aber auch der Zweibeiner, wie er dem Vierbeiner etwas klarmacht oder wie er sich verhalten soll, wenn der Hund unerwünschtes Verhalten zeigt. Nur kann man sich in einer Hundeschule die Situationen in der Erziehung, die vonnöten sind, meist nicht herbeizaubern, sondern ist erst dann gezwungen zu handeln, wenn die Situation eintritt.

Welpenschule – ja oder nein?

Ob eine Welpenschule für Ihren Hund sinnvoll ist oder nicht, müssen Sie für sich selbst entscheiden. Die beste Welpenschule ist immer noch der Ort, an dem der Hund groß geworden ist, wenn sich der Züchter bemüht, die Welpen in einem Rudel einzubinden, damit die älteren Tiere dem jungen Flegel zeigen können, was in der Hundegesellschaft in Ordnung und was ein absolutes „No-go" ist. Um aber später, wenn das Russell-Kind bei Ihnen eingezogen ist, ihm auch noch die Möglichkeit des Kontaktes mir Artgenossen zu ermöglichen, bei dem es viel lernen kann, ist der Besuch einer Welpengruppe sicherlich sehr sinnvoll. Ein intakter Hundefamilienverband vermittelt dem Welpen oder Junghund die Sprache innerhalb des Sozialverbandes. Welpen und Junghunde wissen nicht von Geburt an, wie sie sich zu verhalten haben, sondern müssen es mühsam lernen.

Wie ordne ich mich ein? Wie zeige ich Respekt? Wie zeige ich, dass ich es nicht böse gemeint habe? Was kann ich tun, wenn das Spiel zu heftig wird? Wie zeige ich Freude, Frust, Angst und Mut und wo sind diese Dinge angebracht und wo nicht?

Sie meinen, das hört sich menschlich an? Es ist sehr menschlich, denn genauso wie unsere Menschenkinder lernen müssen, sich richtig zu benehmen, müssen das auch Hundekinder lernen. Und dabei spielen die Hündinnen in dem Familienverband (nicht nur die Mutterhündin), die Rüden, die pubertierenden

Youngster und auch die Leittiere eine wichtige Rolle. Wächst der Welpe nur unter seinen Geschwistern und mit seiner Mutter auf, die wohlmöglich selbst in einem Zwinger ihr Leben verbringt, und hat er bis zur Abgabe nur das Umfeld seines Zwingers gesehen, hat der Hund soziale Defizite, vergleichbar mit einem Kind, dass bis zum Alter von ungefähr fünf Jahren die Wohnung kaum verlassen durfte, nur Geschwister und Mama um sich hatte und mit sonst nichts in Berührung gekommen ist. Man kann sich gut vorstellen, dass so ein Kind starken Nachholbedarf hat und sich

gegenüber seiner Umwelt nicht richtig verhalten kann, weil es das noch nicht gelernt hat.

Beim Welpen ist das ebenso. Erstehe ich nun einen Welpen, der aus einem Hundefamilienverband kommt, hat der bestimmt schon mehr Ahnung vom Leben als einer, der nichts kennt und nichts weiß und in der ersten Zeit hoffnungslos überfordert ist. Hunde holen das zwar, ebenso wie Kinder, relativ schnell nach, dennoch ist es für den Welpen sicherlich leichter, wenn er bereits das Rudel als Lehrmeister hatte.

Wenn die Welpen nicht mehr – wie hier – mit ihren Geschwistern spielen können, ist es sinnvoll, einen Welpenkurs zu besuchen.

Die richtige Welpengruppe

Wollen Sie nun mit Ihrem Russell eine Welpenschule besuchen, dann erkundigen Sie sich genau, wie diese Welpenschule aussieht. Ich halte selbst nicht viel davon, wenn in einer Welpenschule viele Welpen unterschiedlicher Rassen zusammengeworfen werden, um sie „miteinander spielen" zu lassen. Welpen kleinerer Rassen werden immer den Welpen großer Rassen unterlegen sein, was nicht wirklich sinnhaft ist. Ein Berner Sennenhund mit zwölf Wochen hat eine ganz andere Körperkraft als ein Russell mit zwölf Wochen, der vielleicht ganze drei Kilogramm auf die Waage bringt und sich kaum gegen die rüpelhafte Kraft eines Sennenhundes wehren kann.

Ist der kleinere Welpe noch dazu schüchtern und vorsichtig, wird er kaum mutiger werden, wenn drei oder vier Welpen der Sorte Schäferhund oder Retriever auf ihn zustürmen. Andersherum fördert es bei einem mutigen Welpen die Bereitschaft, sich zu verteidigen, wenn er ständig von den Größeren genervt wird, was sich später vielleicht nicht ganz so günstig auf das Verhalten in der Gesellschaft auswirkt.

Ein Welpe erkundet gern seine Umwelt – da kann man schon die ersten kleinen Übungen mit einbauen.

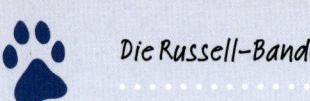

Die Welpenschule sollte dazu dienen, dem Hundehalter eine Hilfestellung in Alltagsproblemen zu sein, und soll ihm zeigen, wie er mit seinem Hund umgehen kann, ohne ihn zu verletzen und ohne sich von ihm an der Nase herumführen zu lassen. Dabei können auch schon einfache kleine Lektionen wie Komm- oder Sitz-Übungen mit eingebaut werden, ohne die Jugendhaftigkeit des Hundes außer Acht zu lassen. Viel zu oft wird mit den Hunden zu früh gearbeitet. Ein Russell mit vier oder fünf Monaten kann zwar schon ein ausgewachsener Flegel sein, aber ihn wirklich abzurichten, finde ich noch zu früh. Es ist weit besser, einem jungen Russell zu erklären, dass nicht er das Kommando in der Familie führt, sondern Sie. Das hat weniger mit Rangordnung und Hierarchie zu tun als mit Respekt. Und woher soll der Knirps wissen, was er wann tun soll, wenn es ihm keiner zeigt?

Russell-Erziehung in der Praxis

Es klingelt an der Tür und Ihr Russell hat sich angewöhnt, mit tierischem Gebell zur Tür zu wetzen und wie ein Flummi daran hochzuspringen, sodass Sie ihn kaum einfangen können. Es ist Ihnen unmöglich, ihn zu erwischen, geschweige denn abzustellen beziehungsweise ihn dazu zu bewegen, von der Tür zurückzugehen und den Besuch hereinzulassen, ohne über diesen, auch wenn in gut gemeinter Absicht, herzufallen und ihn zu begrüßen.

Was am Anfang, als Klein-Russell noch putzig war, ganz süß ausgesehen hat, geht Ihnen nun auf die Nerven, da die Tür bereits zerkratzt ist, durch das Gebell das Baby aufgeweckt wird und der Hund schon des Öfteren bei der Tür nach draußen geschossen ist und nicht dazu zu bewegen war, wieder hereinzukommen.

> *An dieser Stelle möchte ich kurz auf das Märchen eingehen, dass nur Sie als Erster durch die Tür gehen dürfen, da Ihr Hund rangnieder ist und Sie ranghoch. Das ist ausgemachter Quatsch, denn wir haben in unserem Hundefamilienverband nie beobachtet, dass ranghöhere Tiere zuerst hinausgingen und die Rangniederen daran gehindert haben. Jeder geht auch heute noch dann raus, wenn er an der Reihe ist, denn würden alle gemeinsam gehen, kann es passieren, dass man in der Tür stecken bleibt.*

In unserem beschriebenen Fall hat der springende und bellende Hund nie gelernt, auf Sie zu reagieren, wenn Sie etwas kommentieren. Sie haben zwar etwas gesagt, vielleicht ein Kommando gegeben, aber es nie eingefordert und für den Hund folgten nie Konsequenzen für das Verhalten, das Ihnen nun auf den Wecker geht, für den Hund aber völlig normal ist. Wenn Sie wollen, dass Ihr Hund dieses Verhalten unterlässt, müssen Sie es ihm erklären, einfordern und auch einhalten.

Zunächst bringen Sie Ihren Hund dazu, Sie anzusehen, wenn Sie ihn ansprechen. Um das an der Tür zu erreichen, binden Sie Ihrem Hund eine dünne Schnur ans Halsband, die er im Haus hinterherzieht und auch dann noch am Halsband hängt, wenn er zur Tür läuft. Rennt er zur Tür, sagen sie einmal (wirklich nur ein einziges Mal) „Tommy, nein!" und nicht hundertmal „Tommy, hör auf, lass das, du machst ja die Tür kaputt ...". Denn das sind Worte, die der Hund zwar hört, aber nicht versteht und deswegen auch nicht darauf reagiert. Auf „Tommy, nein!" kann er reagieren, wenn man es ihm beibringt.

Tommy wird erst nicht einsehen, warum er jetzt reagieren soll. Nehmen Sie also die Schnur und zupfen in dem Maß daran, dass Tommy sich genötigt fühlt, Sie anzusehen, so nach dem Motto: „He, was soll das. Das habe ich doch bisher immer getan!"

Schaut er Sie an, sagen Sie nochmal „Tommy, nein!" und holen ihn von der Tür weg. Schauen Sie ihn streng an und versuchen Sie, ihn mit den Augen schachmatt zu setzen. Viele Hunde reagieren darauf und fragen sich, was jetzt wohl passiert ist, und weichen zurück. In dem Moment wenden Sie den Blick ab. Stürmt er wieder vor, wiederholen Sie das Ganze und fixieren ihn wieder mit Ihrem Blick so lange, bis er zurückweicht.

Texten Sie Ihren Hund nicht voll. Er würde Sie sowieso nicht verstehen. Aber Ihre Körperhaltung und den bitterbösen Blick versteht er sofort. Ignoriert Ihr Hund diese Zeichen, können Sie ihn kurzfristig am Fell packen und nach hinten ziehen, sodass er merkt, dass etwas anders ist als sonst. Nehmen Sie den Druck vom Hund weg, wenn er aufhört zu bellen, Sie anschaut oder freiwillig zurückweicht. Tut er es nicht, dann respektiert er das, was sie tun, noch nicht. Wie intensiv nun das Zupfen am Halsband oder der Griff ins Fell sein soll, hängt vom Hund ab. Einige reagieren bereits auf eine Berührung, während andere es vertragen, wenn man sie richtig packt und hochhebt.

Es ist angenehm und nett, wenn man einen Hund hat, der sofort reagiert und bei dem man nicht grob werden muss. Aber es bedarf schon etwas mehr Härte, wenn der Hund, den man gerade gepackt hat, auch noch nach seinem Besitzer schnappt, weil er einfach nicht einsehen will, dass das, was er tut, ab heute verboten ist.

Schnappt der Russell nach der Hand des Besitzers, weil ihn dieser am Fell gepackt hat, dann ist der Respekt schon nicht mehr wirklich vorhanden und sollte schnellstens wiederhergestellt werden. Denn sonst wird auch das weitere Zusammenleben mit dem Hund zu einem ständigen Kampf und einer Zerreißprobe für die Nerven. Weiß der Hund, dass er sich mit seinen Zähnen gegen den Zugriff des Hundeführers wehren kann, dann wird er das auch weiterhin versuchen. An dieser Stelle kann ich Ihnen verraten, das kommt öfter vor, als man glaubt, und häufig werden damit die Rassen Parson Russell Terrier und Jack Russell Terrier in Verbindung gebracht, was aber nicht stimmt, denn dieses Verhalten zeigen auch andere Hunde. Lediglich hat nicht jeder das Temperament, zur Tür zu hechten, und das Gemüt, lautstark den Besuch oder den Fremden anzukündigen.

Ich will hier nicht beschreiben, wie grob oder nicht grob, hart oder nicht hart Sie Ihren Hund anfassen sollen, wollen oder auch nicht wollen. Aber wenn ein Hund es gewohnt ist, sich überall anfassen und auch packen zu lassen, wären auch so manche Behandlungen beim Tierarzt um etliches leichter.

Fakt ist, es hat bestimmt nichts mit Tierquälerei zu tun, seinen Hund mal am Fell beziehungsweise am Körper festzuhalten, und sei es an einer Hautfalte, denn zu seinem Wohle sind diese Griffe oft unabdingbar. Ist der Hund gewohnt, sich auch mal packen zu lassen, wird er sich auch dann packen lassen, wenn es notwendig ist.

Haben Sie es also geschafft, Tommy Respekt abzuverlangen, wird er auch dann auf ein „Nein" reagieren, wenn der Besuch zur Tür reinkommt und Tommy ihn anspringen und begrüßen will. Wenn Sie es schaffen, das Begrüßungsritual auf ein Minimum herabzuschrauben, beziehungsweise wenn Tommy es schafft, sich in seiner Begrüßung etwas zu mäßigen, weil er nun weiß, dass er auf Sie reagieren soll, dann haben Sie erreicht, was vorher nicht vorhanden war: Sie haben sich Respekt verschafft.

Gelingt es Tommy dagegen nicht, sich zusammenzureißen, sondern muss den Besuch einfach wie wild begrüßen, dann hat er sich nicht im Griff beziehungs-

weise das Gelernte schon wieder vergessen. Wenn Sie es fertigbringen, auch jetzt durchzugreifen, Tommy auf seinen Platz zu schicken und abzuverlangen, dass er dort bleibt, dann haben Sie echte Führungsqualitäten bewiesen. Wenn nun Tommy versteht, dass er Ruhe geben muss und der Besuch ihn dann streichelt, wenn er ruhig ist, hat Tommy wirklich was gelernt. Er muss auf ein Signal, das einmal gegeben worden ist, reagieren. Er muss sich am Riemen reißen, auch wenn ihm das noch so schwer fällt. Aber er bekommt

Durch abwechslungsreiche Übungen kann man einen Russell sinnvoll beschäftigen und fordern. Dadurch wird er ruhiger und konzentrierter.

seine Streicheleinheiten, wenn er in sein Körbchen hüpft und ruhig ist. Je schneller er nun in seinen Korb springt und ruhig ist, desto schneller darf er schmusen. Eigentlich eine logische Sache, oder?

Will er aber während dieser Streicheleinheiten in sein altes Muster zurückkehren und fängt wieder an hochzuspringen, wird er sofort erneut in sein Körbchen beordert und erst dann wieder gestreichelt, wenn er ruhig ist.

So lernt Tommy, dass er nur dann zu etwas kommt, wenn er ruhig und besonnen ist, und nicht hektisch durch die Gegend flitzt und allen auf die Nerven geht. Dieses System funktioniert übrigens bei allen Dingen, die ein Russell lernen soll. Will man, dass sich der Hund einen Ast abfreut, dann brauche ich ihn nur anzufeuern und mein Hund wird eine kleine flippende Rakete (á la hyperaktiver Russell). Lernt der Hund aber auch, wieder ruhig zu werden und sich in der Ruhe seine Streicheleinheiten abzuholen, ist man einen großartigen Schritt weitergekommen und man hat einen wirklich erzogenen Russell.

Erziehungskurse

Wenn der Russell die Welpenschule schon hinter sich hat oder er dafür zu alt ist, wird es Zeit, einen weiterführenden Erziehungskurs zu besuchen. Aber auch da sollten Sie sich vorab genau erkundigen, was angeboten wird und wie der Kurs abläuft.

Ich finde es nicht richtig von Hundeschulen, die Hunde lediglich auf ein gewisses Schema hin zu automatisieren, das heißt, den Hundeführern und Hunden das Schema der Begleithundprüfung beizubringen, die sie im Anschluss an den Kurs zu absolvieren haben.

Der Hund lernt korrektes „Fußgehen", mit und ohne Leine, wie die Grundstellung aussieht, „Absetzen aus der Bewegung", „Ablegen unter Ablenkung" und in höheren Prüfungen noch etliches mehr.

Sehr viele Hunde absolvieren ihre Übungen gehorsam, solange man vom allgemeinen Schema nicht abweicht. Ich möchte aber wetten, würde plötzlich bei einem abgelegten Hund eine Gruppe von Kindern auftauchen, die herumspringen, schreien und vielleicht auch noch Ball spielen, würde mit Sicherheit nahezu jeder Hund aufstehen und mitspielen wollen.

Für mich heißt das, ist der Hund am Hundeplatz abgelegt, darf man ihm nur die Ablenkung bieten, die er kennt, nämlich der andere Hund, der zur selben Zeit gearbeitet wird.

Lege ich jetzt meinen Hund aber vor einem stark frequentierten Geschäft ab, wird er von allem abgelenkt, was das Einkaufsgetümmel so mit sich bringt. Wenn er daran noch nicht gewöhnt ist und er das noch nicht gelernt hat, wird er vermutlich aufstehen.

Persönlich finde ich Hundekurse keinesfalls verkehrt. Hundehalter lernen in guten Hundeschulen oder Hundevereinen, ihre Hunde zu führen. Sie lernen oft ihren Hund erst dort richtig kennen und sie lernen, wozu Hunde fähig sind. Denn leider sehen noch sehr viele

Russellbesitzer in ihrem Hund nur den lebenden, süßen Kuschelbären, der in der Nacht im Bett unter der Decke schläft und sonst nur lieb zu sein hat.
Seien Sie in der Auswahl Ihrer Hundeschule kritisch. Sie müssen sich dort wohlfühlen, und das, was man Ihnen beizubringen versucht, soll Sinn machen.

Training mit oder ohne Leckerli?

Der Russell bekommt ein Kommando und wird dann mit einem Leckerli bestätigt! Der Sack ist voll mit Knackwurststücken und pausenlos wird dem Russell während des Trainings Futter ins Maul gesteckt.
Ich arbeitete auch lange so, bis ich irgendwann still für mich bemerkte: Der Hund arbeitet nur fürs Leckerli! Solange alles so war wie sonst auch und die Leckerli in Strömen flossen, war mein Hund begeistert bei der Sache. Doch kam im Alltag die entsprechende Situation und ich verlangte von meinem Hund den angefütterten Gehorsam, hatte ich schnell das Nachsehen. Durch meine langjährige Arbeit mit Pferden, die ich stets ohne Leckerli trainierte, begann ich, die Sachlage irgendwie zu überdenken. Ich wollte meinen Hund

Auf dem Hundeplatz wird es ernst – mit konsequenter Erziehung ist das aber auch für einen Russell kein Problem.

dazu bringen, für mich zu arbeiten, mich anzubeten, mich zu vergöttern und für ein Lob alles tun zu wollen. Der Hund soll es von sich aus freiwillig wollen und nicht mit einem Reiz dazu animiert werden.

Zuerst arbeitete ich auf diese andere Art mit meiner Schäferhundin. Dazu änderte ich erst einiges an mir selbst. Ich begann, mit meinem Hund sehr leise zu sprechen, und sprach auch Kommandos leise aus. Reagierte sie nicht, forderte ich das Befohlene kommentarlos ein. Die Hündin fiel aus allen Wolken, weil sie das nicht gewohnt war. Sie hatte nicht aufgepasst, irgendwas übersehen und auf einmal forderte ich etwas ein, was sie vielleicht gehört, aber nicht respektiert hatte, weil es bis dato anders abgelaufen war.

Die Hündin gewöhnte sich recht schnell an die neue Version der Führung und passte zudem mehr auf, da sie die leisen Kommandos nicht überhören wollte. Zudem begann ich, sie von mir wegzujagen, wenn sie so tat, als höre sie mich nicht, und jagte sie auch dann noch weg, wenn sie bereits zurückwollte. Wieder fiel mein Hund aus allen Wolken. Das konnte doch nicht sein, dass sie nicht mehr zu mir durfte!

Sie merkte schnell, dass das mit den Kommandos zusammenhing, und bemühte sich noch mehr, mir alles recht zu machen, um ja den Kontakt zu mir nicht zu verlieren. Für alles, was sie absolut richtig machte, bekam sie nun ein ruhiges Lob mit einem zarten Streicheln über den Kopf. Ich bemühte mich, immer ruhig und nicht hektisch zu arbeiten, der Hündin Zeit zum Denken zu geben und erst weiterzumachen, wenn sie ruhig war.

Ich hatte von nun an einen Hund, der sich keine 15 Meter von mir wegbewegte, der ständig in meiner Nähe war, auch ohne Leine, und der auf den leisesten Zuruf sofort erschien und bei mir blieb, um nicht wieder ins Gebüsch gejagt zu werden. Hierfür erntete sie ein Lob und ein Streicheln und dafür tat sie schlicht alles. Jetzt hatte ich einen Hund, der für mich arbeitete. Leckerli gehörten der Vergangenheit an.

Nun begann ich, mit meiner rauhaarigen Jacki-Hündin auf die gleiche Art zu arbeiten, und es funktionierte ebenso. Sie reagierte nicht nur auf Zuruf, sondern schien meine Gedanken zu erraten. Je leiser ich wurde, desto aufmerksamer wurde sie.

Es sei dazu gesagt, dass meine Linie konsequent war und ich immer das einforderte, was verlangt war, und keine Diskussion mit meinen Hunden einging. Besonders mein Jacki-Rüde versuchte immer wieder, mit mir zu diskutieren, tat so, als ob er jetzt besonders beschäftigt wäre, und versuchte mich immer wieder auszutricksen. Das wollte ich nicht und somit musste ich ihn öfter als jeden anderen Hund ins Gebüsch jagen und auch dort belassen, bevor er wieder zu mir durfte. Und dafür tat er dann alles. Alles was er an Kunststückchen draufhatte, absolvierte er mitten auf der Straße, um Eindruck zu schinden. Er „schämte" sich, machte die „Rolle", nach links und nach rechts, versuchte mir Gegenstände zu bringen, machte Männchen. Es half alles nichts. Also bemühte er sich dann,

folgsam zu sein, obwohl ihm das nicht immer gelang. Ich für meinen Teil lernte etwas ganz Wichtiges: Hunde können durchaus lernen, für ihren Menschen zu arbeiten, ohne ständig gefüttert zu werden. Sie können lernen, ein ruhiges Lob anzunehmen und sich ebenso zu freuen, wenn der Mensch sich freut. Man kommuniziert mit seinem Hund und wird mit ihm ein Team.

Immer diese Hundebegegnungen

Vor gut 25 Jahren war das überhaupt kein Thema. Die Hunde wurden zusammengelassen. Gab es ein kurzes Geplänkel, rief der eine Hundebesitzer, der andere ebenso, man guckte kurz, ob was passiert war, nickte sich freundlich zu und vorbei war's.

Heute sieht das ganz anders aus. Wenn heute zwei Hunde etwas heftiger oder wilder miteinander spielen, dabei bellen, knurren und schon mal die Zähne zeigen, es aber überhaupt nicht böse meinen, dann wird schon heftig unter den Besitzern geschrien, der Hund muss wieder her, der andere ist zu wild oder gar schon aggressiv, nein, mit dem spielen wir nicht mehr. Und wenn der eigene Hund gar einen Kratzer hat, au-weh, dann sitzen wir am Abend schon beim Tierarzt. Hunde kommunizieren anders miteinander als wir Menschen. Dabei werden hundeeigene akustische Signale eingesetzt und natürlich auch die Zähne verwendet. Wenn ein Hund dann einen Kratzer, sich in die

Zunge gebissen oder ein Loch im Ohr hat, ist das noch kein Grund zur Aufregung.

Unter Hunden wäre das normal. Russells, die im Bau unterwegs sind, sehen manchmal etwas schlimmer aus. In unserer Hundegemeinschaft ist das ebenso. Wenn sich die Hunde nicht gerade draußen beim Laufen verletzen, dann tut sie sich untereinander weh, ohne bös gemeinte Absicht. Es passiert eben, weil man etwas zu grob miteinander umgegangen ist. Die Hundehaut ist lederartig und fest, aber beweglich. Sie hält allerhand aus und wenn sie dann doch mal reißt, dann verheilt alles auch wieder relativ schnell, ohne dass sich ein Tierarzt bemühen muss. Risse und Kratzer an Zunge, Zahnfleisch und Ohren bluten relativ

Ein Freund fürs Leben! Was sollen wir jetzt unternehmen?

stark, da diese Partien gut durchblutet sind. Das hört aber auch schnell wieder auf. Echte Jagd-Russells können ein Lied davon singen.

Auch andere Verletzungen heilen in der Regel gut ab, wenn sie nicht zu tief sind. Beobachten Sie einfach die Wunde und kontrollieren Sie, ob vielleicht eine Entzündung auftritt. Sollte das der Fall sein, muss natürlich der Tierarzt aufgesucht werden.

Hunde spielen recht häufig ziemlich heftig miteinander. Heutzutage haben aber viele Hunde nicht mehr die Möglichkeit, das komplette Verhaltensrepertoire abzuspielen. Zu groß ist die Angst der Menschen, der eigene Hund könnte gebissen werden. Und nachdem Parson und Jack Russell Terrier nun doch zu den kleinen Hunden zählen, will man natürlich nicht, dass etwas passiert.

Zudem – und das muss ich auch zugeben – gibt es Hunde, die sich einfach daneben benehmen und anscheinend ohne Grund einen Russell attackieren und ihm gravierende Verletzungen zufügen.

Wir wissen, dass es Raufereien gibt, die nicht gut ausgehen und die nichts mit Spielen zu tun haben. Das ist es auch, was Menschen so sehr fürchten: ein außer Kontrolle geratener Hund, der seine gefährlichste Waffe auspackt und zubeißt. Die Wenigsten können mit diesen Situationen umgehen. Noch viel weniger Menschen begegnen dieser Situation mit Ruhe.

Im Großen und Ganzen vertragen sich aber die Hunde in unserer Gesellschaft. Es kommt höchstens zu kleinen Rangeleien, die genauso schnell beendet sind, wie sie angefangen haben. Man kann sich aber nie sicher sein, ob nicht doch etwas passiert, selbst wenn es nur ein kleiner Russell ist. Denn auch der Biss eines Russells tut weh und kann Probleme nach sich ziehen.

Beachten Sie folgende Regeln:
- *Sagen Sie nie: „Der tut doch nichts!"*
- *Sagen Sie nie: „Der will doch nur spielen!"*
- *Und wenn's dann doch passiert ist, sparen Sie sich den Spruch: „Das hat er noch nie getan!"*

Ist Ihnen auch schon der Hund namens „Der-tut-doch-nichts" auf Ihren Spaziergängen begegnet? Vor allem die Besitzer kleinerer Hunde kennen ihn und er ist meist größer als der eigene.

Man trifft ihn überall: in der Stadt, auf dem Dorf, im Park oder auf der Wiese. Er begegnet Ihnen und stürmt auf Sie zu.

Sein Besitzer ruft Ihnen entgegen: „Der tut doch nichts!"

Wenn Sie Angst zeigen, ist der nächste Ruf: „Der will doch nur spielen!" Wenn Sie Glück haben, möchte der Hund wirklich nur toben.

Sollte er aber einen schlechten Tag haben und hat es auf Sie und Ihren vierbeinigen Freund abgesehen, wird aus ihm auf einmal ein Hund, der das doch noch nie getan hat.

Hunde, auch Russells, sind eigenständige Lebewesen, die sich nicht immer hundertprozentig kontrollieren lassen. Sie besitzen einen eigenen Kopf, eigene Gefühle, denken anders und entscheiden demnach auch hin und wieder so, wie sie glauben, entscheiden zu müssen. Das muss aber nicht mit dem übereinstimmen, was wir so wünschen.

Ein Hund ist kein Computer, der sich auf Knopfdruck ein- und ausschalten lässt. Keine Abrichtung, kein Hundeführerschein, keine noch so neumodische Erfindung kann verhindern, dass ein Hund hin und wieder selbstständig entscheidet und sich der Kontrolle seines Hundeführers entzieht – und das ganz bewusst und mutwillig.

Wenn es zur Rauferei kommt

Stellen Sie sich nun vor, ein Besitzer geht mit seinem Hund, eigentlich ein verträgliches Tier, spazieren und der Hund macht irgendetwas, was er nicht darf. Der Mensch geht nun her, maßregelt seinen Hund für das, was immer er auch getan haben mag, und der Hund hängt frustriert an der Leine und schmollt. Sein Besitzer denkt vielleicht schon bald nicht mehr daran, aber sein Hund schmollt weiter, hat die Maßregelung nicht vergessen. Nach einiger Zeit lässt ihn sein Besitzer wieder von der Leine, in der Hoffnung, der Hund habe gelernt.

Nun trägt der Hund seinen Frust mit sich herum, schnuppert hier und da und wittert dann einen kleinen Hund, der ihm keine Schwierigkeiten machen kann. Er ist klein und somit ein potenzielles Opfer, bei dem der frustrierte Hund totsicher als Sieger davongeht. Der Hund weiß das und schon nimmt er den kleinen Hund aufs Korn und das Malheur ist passiert.

Sie meinen, das ist Blödsinn? Aus vielen Beobachtungen wissen wir sehr gut, dass das kein Blödsinn ist. Hunde haben Frust und Hunde wissen, wer wehrhaft ist und wer nicht. Dann kann es zu solchen Überfällen aus dem Hinterhalt kommen. Das ist kein schöner Anblick und jeder Hundebesitzer möchte seinen Liebling aus dieser Situation retten. Meistens kreischt ein Russell in allen Tonlagen um sein Leben, bringt aber kaum Gegenwehr zustande, da er völlig überrascht worden ist.

Es bringt dann nichts, den Angreifer zu treten oder zu schlagen, da ihn das noch mehr anstachelt. Hineinzugreifen, um den eigenen Hund zu retten, kann fürchterlich enden, nämlich wenn der fremde Hund statt des Russells auf einmal einen Menschenarm zwischen den Zähnen hat.

Man kann versuchen, den fremden Hund, wenn schon kein Besitzer in der Nähe ist, am Schwanz wegzuziehen. Manchmal hilft es auch, ihn mit Kieselsteinen und Erde zu bewerfen, oder ihm, wenn vorhanden, Sand ins Gesicht zu streuen.

Allerdings gibt es kein Patentrezept dafür, wie man am besten einen fremden Hund von einem Russell wegholt. Man kann nur versuchen, sich in irgendeiner Form vor seinen Hund zu stellen und den Fremden zu beeindrucken, mit Gesten und Geschrei. Dass man für jede Art von Abwehr Glück und Mut braucht, ist klar.

Man sollte nur Hunde miteinander spielen lassen, die man kennt und von denen man weiß, dass sie sich gut verstehen.

Manchmal ist es aber auch nicht der fremde Hund, der Theater macht, sondern der eigene Russell, der an der Leine zum Kampfkrokodil mutiert und selbst einer Deutschen Dogge an die Gurgel springen würde. Und so mancher Ruttler tut das auch. Russells sind mutig und verwegen und wenn dieser selbstsichere kleine Hund sich provoziert fühlt, kann es durchaus passieren, dass er sich dem fremden, vielleicht viel größeren Hund stellt und eine Rauferei anzettelt, bei der er sich mit Sicherheit verzettelt.

Die wichtigsten Regeln für den Alltag

Nur gut, dass die meisten Russells verträgliche Hausgenossen sind, die es vorziehen, mit ihren Artgenossen zu spielen, anstatt ihnen an den Hals zu springen. Da wir oft mit vielen, auch großen Hunden unterwegs sind, haben wir gelernt, Folgendes zu beachten:

- Lassen Sie es sich zur Angewohnheit werden, Ihren Russell nur mit Hunden sorglos spielen zu lassen, die Sie kennen und die er kennt.
- Begegnen Sie fremden Hunden immer mit Respekt.
- Bitten Sie andere Hundebesitzer, ihren Hund anzuleinen, wenn Sie sich nicht sicher sind, ob etwas passieren könnte.
- Bringen Sie Ihrem Russell bei, immer zu Ihnen zu kommen und sich anleinen zu lassen, wenn fremde Hunde erscheinen. Auch wenn Ihr Russell harmlos ist, gilt das noch lange nicht für den anderen.

- Ist Ihr Russell unfolgsam und kommt generell nicht, wenn er abgeleint ist, dann lassen Sie ihn an der langen Leine.
- Ist ihr Russell ein Jäger, dann lassen Sie ihn im Wald nie ohne Leine laufen.
- Nehmen Sie Warnungen anderer Hundebesitzer ernst.
- Leinen Sie Ihren Russell kommentarlos an, wenn Sie darum gebeten werden.
- Lassen Sie Ihren Russell an der Leine nicht keifen oder bellen.
- Wenn in öffentlichen Verkehrsmitteln eine Beißkorbpflicht besteht, dann halten Sie sich daran und gehen mit gutem Beispiel voran.
- Auch wenn Sie Ihren Russell noch so gut kennen, Sie können in ihn nicht hineinschauen. Seien Sie bei Kindern immer vorsichtig.
- Nehmen Sie Rücksicht auf Leute, die Hunde nicht mögen oder Angst vor ihnen haben.
- Lassen Sie einen Rüden nicht auf eine Hündin aufreiten.
- Lassen Sie andere Hundebesitzer wissen, wenn Ihre Hündin läufig ist.
- Gehen Sie mit einer läufigen Hündin nicht in Hundezonen, wo alle Hunde frei laufen dürfen. Sehen Sie ein, dass eine läufige Hündin anderen Hunden (Rüden) nur den Kopf verdreht und Streit dadurch vorprogrammiert sein kann.
- Versuchen Sie beim Spazierengehen von Familien stark frequentierte Wege zu meiden.

- 🐾 Der Mensch hat immer das Vorrecht. Um Streitereien aus dem Weg zu gehen, sollte man sich das einfach merken.
- 🐾 Entschuldigen Sie sich, wenn Ihr Russell jemanden schmutzig gemacht, jemanden erschreckt oder eventuell verletzt haben könnte.
- 🐾 Sehen Sie unliebsames oder gar schlechtes Verhalten bei Ihrem Hund und versuchen Sie es zu unterbinden.
- 🐾 Verschwinden Sie nie sang- und klanglos, wenn Ihr Russell vielleicht einen Unfall verursacht oder jemanden gebissen hat. Das tut man einfach nicht und wenn es passiert ist, kann man auch dafür geradestehen.
- 🐾 Ist Ihr Russell gebissen worden, dann bleiben Sie freundlich, versuchen Sie den Besitzer zu eruieren und fragen Ihn um Namen und Adresse, denn im Normalfall sind unsere Hunde haftpflichtversichert und ein Schaden wird von der Versicherung übernommen. Also kein Grund, ein Fahnenflüchtiger zu werden.

Und noch etwas, was ich an dieser Stelle ansprechen möchte. Immer wieder hört man, sogar in Hundeschulen, dass Hunde, die sich treffen, ihre Rangordnung erst festlegen müssen. Das ist ausgemachter Blödsinn. Hunde werden sich nur dann untereinander organisieren, wenn sie ständig miteinander auskommen müssen, wenn also mehrere Hunde zusammen gehalten werden. Dann werden sich die Hunde arrangieren und brauchen eine „Rangordnung", damit alles in richtigen Bahnen verläuft. Die Familienstruktur gehört praktisch geklärt.

Allerdings passiert das nicht auf der Straße. Auf der Straße werden keine Rangordnungen geklärt, sondern es wird geklärt, ob man einander mag oder nicht. Und entsprechend wird sich Ihr Russell auch verhalten.

Gibt es den uneingeschränkten ,Welpenschutz'?

Nein, den gibt es nur im bestimmten Maß. Welpen haben bei erwachsenen Hunden keine uneingeschränkte Narrenfreiheit. Welpen und Junghunde lernen im Familienverband, die Größeren zu respektieren und Signale zu akzeptieren. Wird ein Welpe oder Junghund einem älteren Hund zu aufdringlich, dann wird dieser ihn zurechtweisen, und zwar nicht, indem er ihn zur Seite schiebt, sondern es gibt eine aufs Dach, sodass die Zurechtweisung auch ankommt.

Oft versuchen ältere Hunde, sich durch Knurren und Zähnezeigen Respekt zu verschaffen. Reagiert der Junghund nicht darauf, gibt es eine drüber. Der Jüngling beklagt sich jammernd oder schreiend, aber er hat seine Lektion gelernt.

Ältere Hunde spielen auch durchaus mit Junghunden oder Welpen. Sie kugeln über den Boden, hopsen durch die Wiese und benehmen sich sehr ungehalten. Aber sobald der ältere Hund Respekt will, fordert er diesen auch sofort ein. Oft reicht es, wenn der Ältere

Willst du auch mal so groß werden wie ich?

die Schnauze des Jüngeren umfasst und schon mal unsanft zubeißt, ohne das aber Blut fließt.

Junghunde dürfen sich noch lange nicht alles erlauben. Sie lernen ständig, wie weit sie gehen dürfen, was ein Welpe, der allein in seiner Familie groß wird, nur auf der Straße lernen kann.

Dazu kommt noch, dass viele ältere Hunde nicht mit Welpen oder Junghunden umgehen können und von denen eben auch nicht belutscht, besabbert und be-

leckt werden wollen. Kommt das Knurren nicht an, fährt dieser Althund mit voller Wucht auf den Junghund, was natürlich heftiges Gekreische nach sich zieht. Meist hat er dem Jungen noch nicht mal wirklich wehgetan, aber der Schreck hat gesessen. Nun, der Besitzer des Welpen – völlig empört – nimmt seinen Welpen an sich und tröstet ihn (wodurch der Welpen seine Lektion nicht gelernt hat, denn für die hündische Ohrfeige bekommt er Liebkosungen) und

der andere wird vermutlich geschimpft, weil er sich einem armen Baby gegenüber so böse verhalten hat. Der ist nun vorsichtiger und wird den nächsten Welpen vermutlich erst gar nicht an sich heranlassen, während der Junghund lernt, Größere anzubellen und anzukeifen und sofort zu seinem Menschen zu rennen, wenn es eng wird.

Welpen und Junghunde kommen im Allgemeinen gut miteinander aus. Welpen und Althunde nicht immer. Nachdem man das vorher nicht wissen kann, ist es gut, zwei fremde Hunde an der Leine erst einmal Kontakt aufnehmen zu lassen und den Welpen sofort wegzuziehen, sollte der Althund seine Körperhaltung versteifen, knurren oder andere Signale der Unbehaglichkeit zeigen. Dem Besitzer lieber ein „Na, vielleicht besser nicht" erklären, als es darauf ankommen zu lassen.

Welpen und Junghunde in einem Familienverband kennen sich. Die Zurechtweisungen sind streng, aber in der Regel fügen Althunde den Jungen keinen körperlichen Schaden zu. Auf der Straße kennen sich die Hunde nicht, da ist Vorsicht geboten.

Mein Russellrüde mag keine anderen Rüden

Jack und Parson Russell Terrier gehören zu den Hunden, die früher zur Jagd eingesetzt wurden und teilweise heute noch werden. Das heißt, sie mussten nicht nur gegen Füchse, sondern auch gegen anderes Wild bestehen. Angst war da fehl am Platze, sonst hätten sie ihren Dienst nicht verrichten können.

Jetzt haben die meisten Russell-Rüden ein nicht unbeachtliches Selbstbewusstsein, das ihnen manchmal im Weg stehen kann. Rüden können sehr ungenießbar auf andere Rüden reagieren und in ihnen einen potenziellen Kontrahenten sehen. Und dieser Kontrahent gehört verjagt. „Er soll mich nicht beschnüffeln, nicht beriechen, mir einfach vom Leib rücken!" Und das zeigt der Russell dann auch, indem er dem anderen Rüden an die Gurgel fährt. Dabei spielt die Größe des Gegenübers eine untergeordnete Rolle.

Auch eine Kastration, die dann häufig empfohlen wird, hilft nicht, diese Aggression gegen andere Rüden einzubremsen. Das Ganze ist eine Sache des Selbstbewusstseins, der Persönlichkeit und der Lebenserfahrung, was sich nicht wegoperieren lässt. Vielfach behalten kastrierte Rüden ihr Gehabe bei und markieren auch fleißig weiter.

Ist ihr Rüde unverträglich mit anderen Rüden, so wird er vermutlich gegen Hündinnen nichts einzuwenden haben. Das heißt für Sie, Ihren Hund so zu führen, dass er anderen Rüden nicht gefährlich werden kann. Man kann einen unverträglichen Rüden nicht darauf trainieren, verträglich zu sein. Es ist weit sicherer zu akzeptieren, dass es so ist. Soll Ihr Hund frei laufen, dann muss er folgsam sein und auf Zuruf kommen. Falls Sie wissen, dass Ihr Russell nicht mehr kommen wird, lassen Sie ihn an der Leine und benutzen Sie andere Möglichkeiten der Bewegung wie Radfahren, Skaten und Ähnliches.

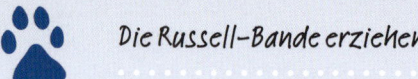
Einem Russell entgeht nichts, auch wenn der Nebenbuhler vielleicht noch weit weg ist.

Der Rüde sollte lernen, sich an der Leine zu benehmen, auch wenn ein anderer Rüde in seiner Nähe ist. Nein, er muss ihn nicht mögen, sondern nur dessen Anwesenheit akzeptieren, ohne aggressiv zu reagieren.

Ist Aggression ein Verhaltensfehler?

Nein, Aggression ist ein Gefühl wie Traurigkeit, wie ein Glücksgefühl, wie Weinen oder Lachen, wie Wut oder Zorn.

Meist gesteht man einem Hund zu, traurig zu sein, zum Beispiel wenn er zu Hause warten muss und das allertraurigste Gesicht der Welt aufsetzt. Man gesteht dem Hund auch zu, glücklich zu sein, wenn Frauchen wieder heimkommt. Er darf auch mal beleidigt in seinem Korb liegen, weil er vielleicht die Wurst nicht bekommen hat, oder ganz liebeskrank sein, wenn die Nachbarshündin läufig ist. Aber Aggressionen gesteht man generell einem Hund nur sehr schwer zu. Dabei gibt es gerade unter den Terriern Hunde, die häufig aggressives Verhalten zeigen.

Aggression ist kein Verhaltensfehler, sondern ein Persönlichkeitsfaktor, der sich zu stark entwickelt hat. Würde es keine Aggression geben, wäre es einem Polizeihund nicht möglich, gute Polizeiarbeit zu verrichten. Ein Wachhund wäre nicht in der Lage zu wachen, besonders dann nicht, wenn wirklich jemand versuchen sollte, sich Zutritt zu verschaffen. Ohne Aggression wäre es vermutlich einem Russell nicht möglich, sich einem Fuchs entgegenzustellen, der versucht, seinen Wurf zu verteidigen. Der zu Aggressivität neigende Russell und sein Besitzer müssen lediglich lernen, damit umzugehen, sich zu beherrschen und schon mal Frust zu ertragen. Meist sind es sehr selbstbewusste Russells, die zudem wenig oder keinen Respekt vor ihren Menschen haben.

Im Training wäre es ganz wichtig, diesen Hunden beizubringen, wieder etwas mehr Respekt zu zeigen und ihnen klarzumachen, dass es andere gibt, die Entscheidungen treffen, und dass es Konsequenzen hat, wenn sie sich nicht beherrschen. Dabei sollten Sie sich aber unbedingt von einem Profi helfen lassen. Auch wir Menschen müssen uns oft beherrschen, obwohl wir innerlich schon vor Wut schäumen. Wenn wir immer so könnten, wie wir wollten, würde es auf der Welt nur Chaos geben. Und das ist bei unserem Russell nicht anders. Wenn der tut, was er will, dann geht bald irgendjemand in seinem Umfeld auf die Barrikaden.

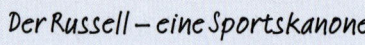
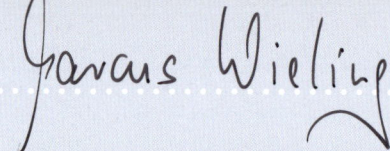

Der Russell – eine Sportskanone

Wir wissen nun, dass der Russell kein Schoßhund ist. Er ist aktiv, gewitzt und äußerst clever, was die Besitzer häufig auf die Idee bringt, mit dem Hund einen Hundesport oder eine andere Art sinnvolle Tätigkeit zu betreiben.

Ein Russell ist eigentlich geeignet für alles, wo regelrecht die Post abgeht. Je spannender es ist und je mehr er laufen kann, desto lieber ist es ihm. Dank seiner Lernfähigkeit ist es durchaus möglich, mit ihm gewisse Hundesportarten auszuüben und auch Prüfungen zu bestehen. Allerdings ist die sportliche Abrichtung eines Russells manchmal eine Herausforderung, da der Russell immer alles besser weiß, besser machen will, vorschnell denkt und bei wirklich lustigen Sachen mit Power dabei ist. Also, was können Sie nun mit Ihrem Hund so alles anstellen?

Der Russell als sportlicher Begleiter

Welche Aktivität Sie mit Ihrem Russel planen, ist eigentlich egal. Aber Russells lieben es, sich auszupowern, zu laufen und zu rennen. Das sollte ihnen unbedingt ermöglicht werden. Stundenlanges Spazierengehen an der Leine ermüdet den Hund nicht. Ideal ist es natürlich, wenn Sie gemeinsam mit Ihrem Hund sportlich aktiv sind. Das tut nicht nur dem Vierbeiner, sondern auch Ihnen gut.

Radfahren

Russells sind begeisterte Läufer, weswegen man sie beim Radfahren nicht in ein Körbchen setzen muss. Sie rennen nicht nur kilometerweit mit, sondern sind schon wieder fit, wenn Sie noch Ihre Beine massieren. Denken Sie bitte bei längeren Radtouren daran, dass Ihr Russell regelmäßig Wasser angeboten bekommt und dass er sich an heißen Sommertagen irgendwo abkühlen kann.

Skaten oder Rollschuhfahren

Ebenso wie Radfahren ist Skaten eine willkommene Abwechslung für einen Russell. Der Hund läuft dabei nicht nur mit, sondern stellt sich schon mal selbst auf das Skateboard und findet das großartig. Denken Sie nur daran, dass die Räder Ihrer Rollschuhe oder des Boards hart sind und Sie vielleicht nicht schnell genug abwenden oder abbremsen können, wenn Ihr Hund vor Ihnen herumspringt. Sie wären nicht der Erste, der dem Jack unabsichtlich über die Pfoten fährt.

Joggen

Laufen trainiert nicht nur den Hund sondern auch Herrchen und Frauchen. Wer gern laufen geht, kann seinen Russell ruhig mitnehmen. Spezielle Gürtel, die man sich um die Hüfte bindet und an der man dann seine Leine befestigen kann, helfen, den eigenen Bewegungsablauf nicht zu stören. Die meisten Russells stellen sich sehr schnell auf ein regelmäßiges Tempo ein und können ihren Bewegungsdrang ausleben. Vergessen Sie nicht, Ihren Russell hin und wieder

Mit Ausflügen in die freie Natur kann man einem Russell die größte Freude machen, denn da ist so viel zu entdecken.

trinken zu lassen. Wenn Sie und Ihr Hund dann am Abend vor dem Fernseher völlig müde einschlafen, dann ist die Welt in Ordnung.

Wandern

Ausgedehnte Wanderungen sind für alle Familienmitglieder gesund und für den Russell eine willkommene Abwechslung. Denken Sie nur bitte daran, dass es Jäger im Wald nicht besonders gern sehen, wenn der Hund sich zu weit von Ihnen entfernt. Ist Ihr Russell folgsam? Kommt er auch wieder zu Ihnen, selbst wenn er ein Kaninchen aufgescheucht hat? Wenn nicht, dann lassen Sie ihn besser an einer langen Leine mitlaufen. Oder Sie erziehen in von vornherein so konsequent, dass er sich nicht zu weit von Ihnen entfernt.

Reiten

Dass große Hunde beim Pferd mitlaufen können, ist klar. Sie haben lange Beine und können die Geschwindigkeit eines galoppierenden Pferdes halten. Können Russells das auch? Natürlich können Sie, solange man die Geschwindigkeit des Pferdes an die Größe des Russells anpasst. Wir haben bereits Wanderritte unternommen und dabei nicht auf unsere Russells verzichtet. Da diese Wanderritte über mehrere Stunden meist im Schritt und im Trab verlaufen, halten die kleinen Hunde gut mit. Und wenn wir wirklich auf der Straße reiten, wo es für die Russells gefährlich werden kann, sitzen sie ruckzuck kurz mit im Sattel, um beim nächsten Waldweg wieder laufen zu können.

Aber auch als Ruhepause und zur Erholung kann der Russell zwischendurch auf dem Sattel mitreiten. Was aber für einen Reitbegleithund ganz wichtig ist, ist eine hundertprozentige Folgsamkeit und Abrufbarkeit, denn Wild wird beim Reiten immer mal wieder aufgescheucht.

Der ideale Reitbegleithund muss folgsam und abrufbar sein, auch wenn der Mensch hoch zu Ross ist.

Für Hundefrisbee ist ein Russell immer zu begeistern.

... und vieles mehr

Der Fantasie eines Menschen sind beim Spielen mit seinem Hund kaum Grenzen gesetzt. Sonst hätten sich Dinge wie Dogfrisbee, bei der der Hund aus allen möglichen Positionen eine Wurfscheibe aus der Luft fängt, oder Dogdancing, bei der man gewisse Kunststücke mit seinem Hund untermalt von Musik vorzeigt, nie entwickelt.

Grundsätzlich finden es manche Russellbesitzer auch spannend, für ihren Hund eine halbe Stunde lang einen Ball in einen See zu werfen, den der Russell immer wieder herausholt. Anstrengend für den Hund kann es auch sein, wenn der Ball immerzu einen Abhang hinuntergeworfen wird, sodass er ihn wieder raufholen muss.

Wir haben auch schon von Hunderennen gehört, bei denen der Hund auf einer abgemessenen Strecke am oberen Ende gehalten wird, während am unteren Ende die Besitzer rufen. Die Zeit, die der Hund braucht, um zu Herrchen oder Frauchen zu gelangen, wird gemessen. Das ist natürlich auch eine Art, seinen Hund körperlich zu fordern. Ob es sinnvoll ist, sei dahingestellt.

Kinder haben manchmal ihre ganz eigenen Vorstellungen, wie ein Russell müde zu kriegen ist. Oft reicht eine alte Jeans, an der herumgezerrt wird: ein herrliches Spiel, um Hund und Kind gleichermaßen k.o. zu bekommen.

Der Russell beim Hundesport

Speziell für Hunde wurde auch eine Reihe verschiedener Sportarten entwickelt, bei denen man sich durch Wettkämpfe und sogar schon internationale Turniere miteinander misst. Hier sollte aber immer noch der Spaß für Mensch und Hund im Vordergrund stehen und nicht der Ehrgeiz, unbedingt einen Pokal zu gewinnen.

Agility

Agility ist die ideale Sportart für den Russell. Gefragt ist ein flinker, lauf- und springfreudiger Hund, der Spaß daran hat, mit seinem Menschen möglichst schnell und korrekt einen Hindernisparcours zu durchlaufen. Die Hindernisse wie zum Beispiel Stangen, eine Wippe, ein Slalom, ein Tunnel, die A-Wand und so weiter müssen schnell in der richtigen Reihenfolge und möglichst korrekt überwunden werden. Der Hundeführer gibt dabei die Anweisung, welches Hindernis als Nächstes drankommt, und muss selbst dazwischen den für ihn schnellsten Weg finden. Dabei müssen sämtliche Hindernisse vom Hund sauber ausgearbeitet werden. Das heißt, beim Überspringen darf die Stange nicht fliegen, der Hund darf am Ende der Wippe nicht einfach herunterspringen oder im Tunnel umdrehen und auf derselben Seite wieder rauskommen, wo er reingeschlüpft ist. Agility macht tierischen Spaß – ganz besonders den Russells.
Beim Agility gibt es drei Größenklassen, damit die Hindernisse an die Körpergröße der Hunde angepasst

werden können. Aufgrund ihrer geringen Körpergröße gehören die Russell Terrier zu der Midi- oder Mini-Klasse, je nachdem, ob die Widerristhöhe mehr oder weniger als 35 cm beträgt.

Der Slalom gehört zu den Hindernissen beim Agility – da muss man schon genau aufpassen, um immer den richtigen Weg zu finden.

Turnierhundesport

Der Turnierhundesport ähnelt sehr dem Agility, was die Hürden und Hindernisse betrifft. Auch hier ist Schnelligkeit gefragt. Der größte Unterschied zum Agility ist aber die Tatsache, dass Hund und Mensch als Team den ganzen Parcours gemeinsam durchlaufen müssen. Der Mensch darf also keine Abkürzungen nehmen. Und erst wenn beide Teampartner das Ziel erreicht haben, wird die Zeit gestoppt. Daher ist diese Sportart wirklich nur etwas für sehr sportliche Menschen, besonders wenn der Teampartner ein quirliger Russell ist.

Flyball

Flyball stammt aus Amerika und wurde von einem Hundebesitzer entwickelt, der eine Beschäftigung für seinen Hund suchte, der das Spielen mit Bällen ganz toll fand. Er entwickelte eine Ballwurfbox, die den Ball wegschoss, den dann der Hund zu holen hatte. Die Flybox war entstanden.

Heute wirft die Box den Ball nicht mehr, sondern der Hund muss ihn lediglich dort abholen. Flyball ist ein Staffellauf, der in zwei Gruppen aufgeteilt ist. Die Hunde müssen jeweils vier kleine Hindernisse überspringen, den Ball holen und die vier Hindernisse wieder retourspringen. Beim Abklatschen darf der nächste Hund starten. Flyball geht auf Zeit. Die Staffel, bei der zuerst alle Läufer durch sind, hat gewonnen. Natürlich muss der Hund den Ball auch bringen und darf die Hindernisse nicht umlaufen.

Obedience ist die einzige Sportart, bei der ein Hund eine Metallhantel apportieren muss.

Flyball macht Spaß, die Hunde jagen mit tierischem Vergnügen über die Hindernisse und es ist egal, was für ein Hund bei einer Staffel mitmacht. Deswegen kann man mit einem ballverrückten Russell auch Flyball trainieren.

Obedience

Der Begriff Obedience bedeutet Gehorsam. Beschreibungen wie „Hohe Schule des Gehorsams" erklären den Begriff Obedience sehr treffend. Es kommt auf die harmonische, exakte und schnelle Ausführung der Übungen an.

Bei den verschiedenen Übungen, die Mensch und Hund im Team zeigen, arbeiten beide Teampartner sowohl eng nebeneinander als auch mit einer gewissen Distanz. Somit muss der Hund auch auf die Entfernung bestimmte Zeichen und Kommandos seines Menschen richtig erkennen und umsetzen.

Bleib, Bei-Fuß-Gehen, Steh, Sitz und Platz aus der Bewegung, Abrufen, Vorausschicken, Apportieren von unterschiedlichen Materialien, Identifizierung und Distanzkontrolle sind – kurz zusammengefasst – die Übungen, die Obedience beinhaltet. Der Schwierigkeitsgrad hängt dabei von der Prüfungsstufe ab.

Der Unterschied zu anderen Gehorsamsübungen besteht darin, dass an Prüfungen alle Schritte der Übungen vom Ringsteward angesagt werden. Man darf nicht selbstständig arbeiten, sondern führt die einzelnen Teilübungen auf Anweisung des Stewards durch.

Bei dieser Sportart wird sehr viel Konzentration von Hund und Hundeführer verlangt. Am wichtigsten ist die präzise Ausführung der Übungen. Erst an zweiter Stelle wird die Schnelligkeit bewertet.

Vielseitigkeit

Was früher noch als Schutzdienst bezeichnet wurde, gilt heute als Vielseitigkeit für den Gebrauchshund. Das hat bei uns eigentlich nichts mehr mit dem wirklichen Schutzdienst zu tun, da die Hunde hierbei lernen, ein gewisses Programm mit bestimmten Aufgaben zu absolvieren. Im wirklichen Leben gibt es aber kein vorgefertigtes Programm, weswegen ein Schutzhund mit dieser Ausbildung zivil kaum zum Einsatz kommt.

Bei der Vielseitigkeit werden die Belastbarkeit und die Triebveranlagung, eine Beute zu fangen und zu halten, auf eine harte Probe gestellt. Der Hund „kämpft" mit einer imaginären Beute (Beißarm). Dabei soll der Hund lernen, sich vom Hundeführer aus dem Trieb herausholen zu lassen (Abrufen aus einer Kampfhandlung) beziehungsweise selbstständig die Beute zu fangen, sollte diese sich durch Flucht entziehen. Auch eine gewisse Bedrohung muss der Hund aushalten (Belastbarkeit), die durch den Schutzdiensthelfer mittels Stock ausgeübt wird. Diese Sportart ist keinesfalls nur etwas für große Rassen oder für Diensthunderassen.

Der Russell wurde als mutiger Jagdhund gezüchtet, der weder Tod noch Teufel fürchtet und selbst in

Wo liegt das Leckerli? Ein Schnüffelspiel, das immer Spaß macht und die Konzentration fördert.

einem finsteren Bau den Fuchs stellt. Immer wieder sieht man Russells, deren Potenzial bei der Vielseitigkeit trainiert wird. Bei einer Prüfung hat man die Lacher dann sicher auf seiner Seite. Auch wenn es dem Hund völlig ernst ist, sieht es doch recht lustig aus, wenn ein Sechskilo-Russell sich in die Prüfung wirft. Es gehört, wie bei einem großen Hund, auch beim Russell viel Training dazu, ihn zu einem Sportschutzhund abzurichten.

Fährtensuche

Die Fährtensuche ist etwas für die, die viel Geduld haben, denn gerade beim Training wird dieses gebraucht. Während manche Hunde fast automatisch die Fährte aufnehmen und ausarbeiten, ist der Russell

nie als Fährten- oder Suchhund gezüchtet worden. Er ist eher ein Stöberer, der den Bau, der noch bewohnt ist, aufstöbert. Es ist ein hartes Stück Arbeit, einem Russell das Fährtensuchen beizubringen, denn nur allzu gern lässt er sich von einer Maus oder einem Erdloch ablenken.

Gefragt ist bei der Fährtensuche das Ausarbeiten von einer menschlichen Fährte. Das kann eine Eigenfährte oder auch später die Fremdfährte sein. Je nach Prüfungsgrad werden mehr oder weniger Winkel in die Fährte eingebaut, wobei die Winkel flach oder spitz zulaufen können.

Fährtenarbeit ist eine interessante Betätigung, die den Hund zwar geistig anstrengt, ihm aber körperlich weniger abverlangt.

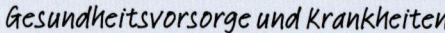

Gesundheitsvorsorge und Krankheiten

Auch wenn Jack und Parson Russell Terrier zu den eher robusten und widerstandsfähigen Hunderassen gehören, sind sie doch nicht vor allen Krankheiten gefeit. Auch Verletzungen und unangenehme Plagegeister wie innere oder äußere Parasiten können dem Vierbeiner unter Umständen ganz schön zusetzen. Daher darf auch in diesem Buch ein Kapitel zu dem Thema Gesundheit und Krankheit nicht fehlen.

Der Tierarzt Ihres Vertrauens

Von den ersten Lebenswochen bis ins hohe Alter unseres Russells benötigen wir – auch wenn der Hund vielleicht nie ernsthaft krank ist – mehr oder weniger häufig einen Tierarzt unseres Vertrauens, der sich sowohl um die notwendigen Impfungen und Entwurmungen kümmert als auch unseren Vierbeiner bei Verletzungen oder Erkrankungen behandelt und bis ins hoffentlich hohe Alter fachkundig betreut. Hierbei ist die Wahl des richtigen Tierarztes sehr wichtig, denn leider gibt es auch bei den Veterinärmedizinern das eine oder andere schwarze Schaf, dem es eher um einen guten Umsatz als um eine angemessene und sinnvolle Behandlung ihres Patienten geht.

Freuen Sie sich, wenn Sie einen Tierarzt haben, dem Sie vertrauen können und bei dem Sie das Gefühl haben, gut aufgehoben zu sein. Ein Tierarzt sollte Ihnen und Ihrem Hund in Zeiten der Not helfen, Ihnen mit Rat und Tat zur Seite stehen und auch mal die Courage haben zu sagen: „Frag' mal den Züchter, was der gemacht hat."

Auch wir arbeiten mit unserem Tierarzt gut zusammen und er versteht, dass wir Menschen unsere Tiere zwar gern haben, aber dass nicht alle Unmengen an Geld zur Verfügung haben, um sich jede Behandlung oder Operation zu leisten. Sein Job ist es auch, nach Alternativen zu suchen.

Ein Tierarzt kann Ihr bester Freund werden, wenn es um die Gesundheit Ihres Russells geht. Wir haben schon von Tierärzten gehört, die mitten in der Nacht zu Züchtern gefahren sind, um bei schwierigen Geburten zu helfen, die sich auch in ihrer Freizeit für das Leben eines Tieres eingesetzt haben und die, ohne zu zögern, einem Hund kostenlos geholfen haben, weil es einfach dem Besitzer nicht möglich war, eine höhere Rechnung zu bezahlen.

Ich denke, wenn ein Tierarzt halbwegs normale Preise für seine Leistung verlangt, keine Behandlungen durchführt, die nicht nötig sind, und keine Krankheiten erfindet, die nicht da sind, ist man schon auf dem richtigen Weg.

Impfungen

Die Erstimpfung, also Grundimmunisierung, sollte Ihr Welpe bereits besitzen, wenn Sie ihn vom Züchter holen. Es kann allerdings sehr unterschiedlich sein, was geimpft worden ist.

Im Allgemeinen sind die Welpen durch die Mutterhündin sehr gut geschützt. Ist die Mutterhündin eine geimpfte Hündin, gibt sie ihre Antikörper über die Muttermilch an die Welpen weiter. Welpen von geimpften Hündinnen brauchen nicht vor der 8. oder 9. Woche geimpft zu werden. In manchen Fällen kann es bei zu früh geimpften Welpen vorkommen, dass sich kein Impfschutz aufbaut, da sich die maternalen Antikörper gegen die Impfung richten und diese nicht anschlägt. Erst wenn die maternalen Antikörper unter einen gewissen Wert gesunken oder zerfallen sind, baut sich ein Impfschutz beim Welpen auf.

Impfen schützt vor gewissen Krankheiten, das ist allgemein bekannt. Bei einer Impfung werden dem Hund abgeschwächte Erreger – man nennt das aktive Impfung – oder „fertige" Antikörper – das nennt man passive Impfung – gespritzt, mit dem Ziel, dass der Körper Antikörper gegen gewisse Erreger aufbaut. Eine eventuelle Infektion mit dieser oder jener Krankheit kann somit verhindert oder auch abgeschwächt werden.

Wie viele Antikörper so ein Hund nach einer Immunisierung allerdings hat beziehungsweise wie lange die halten, lässt sich durch eine Blutuntersuchung (Titerbestimmung) feststellen.

Es kann vorkommen, dass der Wert im Blut des Hundes so hoch ist, dass er eigentlich nie wieder geimpft werden müsste.

Studien haben ergeben, dass ein grundimmunisierter Hund (SHP = Impfung gegen Staupe, Hepatitis und Parvovirose) mit einer Auffrischung nach einem Jahr ungefähr acht Jahre lang geschützt sein sollte. Im Allgemeinen garantieren die Herstellerfirmen oft eine längere Immunität als nur ein Jahr. Wie lange der jeweilige Impfstoff laut Hersteller hält, ist im Beipackzettel nachzulesen, den man auch problemlos übers Internet herunterladen kann.

Lassen Sie sich von Ihrem Tierarzt genau beraten, welche Impfungen wirklich sein müssen, welche Sinn machen und welche nicht so gut oder sogar gefährlich sein können, welche wirklich nötig sind und welche nicht.

> Es gibt so viele Impfstoffe und auch Herstellerfirmen, die ich hier nicht alle erwähnen kann. Was Ihrem Russell geimpft wird, entscheiden schlussendlich auch Sie, vorausgesetzt, Sie informieren sich ein wenig über die Sinnhaftigkeit der Impfung, die Sie Ihrem Hund verabreichen wollen.

Die einzige Pflichtimpfung, die sie haben, wenn Sie mit Ihrem Hund verreisen oder bei irgendwelchen Veranstaltungen wie Ausstellungen oder Hundesportwettbewerbe teilnehmen wollen, ist die Tollwutimp-

fung. Allerdings gibt es da Unstimmigkeiten bezüglich der Pflicht, wann die Impfung vom Gesetz her wiederholt werden muss und wann es der Hersteller empfiehlt. Wir haben auch in Erfahrung gebracht, dass die Immunität der Impfstoffe desselben Herstellers in unterschiedlichen Ländern verschieden lang ist.
Wir als Züchter empfehlen jedenfalls, sich für den Impfstoff zu entscheiden, bei dem die Wiederholungsintervalle am längsten sind. Oder Sie lassen den Titer bestimmen und wissen dann genau, wie lange Ihr Hund geschützt ist.

Welpen sollten erst ab der 8. Woche geimpft werden.

Parasiten – drinnen und draußen

Mit Parasiten, die drinnen sind, sind hier vor allem Würmer gemeint, die im Körper des Hundes leben, sich von ihm ernähren und sich dabei sauwohl fühlen. Sie werden auch Endoparasiten genannt. Parasiten, die draußen hausen, sind Flöhe, Läuse, Zecken oder auch Milben. Sie werden als Ektoparasiten bezeichnet. Eigentlich sind die meisten Ektoparasiten nicht wirklich gefährlich, allenfalls lästig und gehören beseitigt, da durch das Kratzen, zum Beispiel bei einem Milbenbefall, die Haut schon sehr in Mitleidenschaft gezogen werden kann.

Wurmbefall

Die bedeutendsten Würmer, die unseren Hund befallen, sind Bandwürmer, Spulwürmer, Hakenwürmer und Peitschenwürmer. Weniger bekannt und deutlich gefährlicher sind der Lungenwurm und der Herzwurm. Der Lungenwurm befällt nicht nur den Hund, sondern auch Fuchs, Dachs und Wolf. In unseren Breitengraden kommt er zwar selten, aber doch vor, weswegen man bei einer lästigen Lungenerkrankung, die nicht wirklich zum Abheilen zu bringen ist, auch an einen Befall mit Lungenwürmern denken soll.
Noch weit seltener als der Lungenwurm ist der Herzwurm, der vermehrt in warmen Gebieten vorkommt, da er durch den Stich einer bestimmten Mückenart übertragen wird. In Italien, Spanien, Frankreich und Griechenland ist der Herzwurm stark vertreten, doch

![Hund schwimmt im Wasser]

Besonders in südlichen Ländern kann sich ein Hund auch mit den gefährlichen Lungen- und Herzwürmern infizieren.

auch in den USA, Kanada, Südostasien und Australien kommt er vor. Das Schlimme an diesem Wurm ist, dass er unbehandelt zum Tod des Wirtstieres führen kann. Herzwürmer sind relativ lang und nisten sich in den Herzkammern ein, wo sie die Blutzufuhr eingrenzen. Nachdem die Herzwürmer im ersten Stadium die Lungen besetzen, kann es bei einem befallenen Hund auch zu Atemnot und Husten kommen.

Bevor ein Hund auf Herzwürmer behandelt wird, muss er dem Tierarzt vorgestellt werden, der den Herzwurmbefall feststellen muss. Auf eigene Faust sollte man einen Hund nicht mit Herzwurmmitteln behandeln.
Herzwürmer sind sehr groß. Im abgetöteten Zustand schwimmen sie durch die Adern des Hundes und können diese verstopfen.

Entwurmen ist wichtig

In unserer Laufbahn haben wir unsere Hunde gegen die üblichen Würmer mit den gängigen Präparaten entwurmt. Wir hatten nie einen Befall von Lungen- oder Herzwürmern zu verbuchen. Allerdings sollten Hunde in der heutigen Zeit drei- bis viermal im Jahr entwurmt werden. Aber Achtung – eine Entwurmung ist keine Prophylaxe!

Frisst ein Hund wenige Tage nach einer Entwurmung zum Beispiel eine Maus, die Bandwürmer in sich trägt, ist mit einem erneuten Wurmbefall zu rechnen, der erst mit der nächsten Entwurmung bekämpft werden kann. Somit ist es auch selbstverständlich, dass man in einem Mehrhundehaushalt alle Tiere gleichzeitig entwurmen sollte. Je mehr ein Hund draußen herumkommt und je häufiger die Möglichkeit besteht, dass er sich auf dem Feld oder im Wald durch Kontakt zu anderem Tierkot, durch das Fressen von befallenen Mäusen oder den Kontakt zu anderen infizierten Hunden selbst mit Würmern infiziert, umso häufiger muss er entwurmt werden.

Man muss einen Wurmbefall nicht unbedingt bemerken, denn Hunde tolerieren einen leichten Befall durchaus und man bemerkt keinerlei Anzeichen. Zeigt der Hund aber bereits Symptome in Form von Lustlosigkeit, Apathie, Abmagerung und Leistungsabfall und wird vom Tierarzt mittels Kotprobe der Wurmbefall auch noch diagnostiziert, ist sowieso schon allerhöchste Eisenbahn. Sie können auch vorsichtshalber regelmäßig den Kot vom Tierarzt auf Wurmbefall untersuchen lassen, um sicherzugehen, ob eine Entwurmung erforderlich ist.

Welpen sind fast immer von Spulwürmern befallen, die bereits im Mutterleib auf sie übertragen werden. Auch über die Muttermilch können sie sich mit Spulwürmern infizieren. Daher müssen Welpen schon ab der 2. Woche mehrmals entwurmt werden. Bei Nichtbehandeln der Welpen entstehen so schwere Schäden im Darm, dass der Hund bereits im Babyalter unheilbar erkrankt.

Deswegen leiden Hunde aus dubiosen Zuchten oder auch Hunde, die aus Zuchtfarmen aus dem Osten kommen, sehr oft an Durchfall oder anderen Verdauungsproblemen, da man es mit dem Entwurmen nicht so genau genommen hat, weder bei der Mutterhündin noch bei den Welpen. Oft werden solche Welpen nicht alt, auch wenn sie von uns entwurmt worden sind, da die Schäden einfach irreparabel sind. Deshalb sollte man die Mutterhündin nochmals ungefähr eine Woche vor der Geburt entwurmen und die Welpen ab dem 14. Lebenstag alle zwei Wochen mit einem flüssigen Wurmmittel entwurmen.

Flöhe

Flöhe sind diese kleinen, schwarzen Tierchen, die sich auf der Haut und im Fell im Verborgenen halten und sich vom Blut unserer Hunde ernähren. Der Floh selbst braucht dann relativ lange, um zu verdauen, und verlässt dabei sogar den Hund, um sich dann wieder einzufinden, wenn er Hunger hat.

Finden Sie auf Ihrem Russell winzige Krabbeltiere oder den schwarzen, wie Dreck aussehenden Flohkot, dann hat Ihr Hund Flöhe. Keine Panik!

Wir behandeln unsere Hunde sehr gern mit Spot-on-Präparaten, die im Bereich des Genicks auf der Haut aufgebracht werden und über die Blutbahn die Plagegeister vergiften. Meist haben diese Präparate eine Wirkungsdauer von vier Wochen oder sogar länger und schützen auch prophylaktisch vor einem Befall. Bei diesen Präparaten bevorzugen wir solche, die nicht nur gegen Flöhe wirken, sondern gleichzeitig vor Zecken, Milben und Würmern schützen. Sprechen Sie mit Ihrem Tierarzt über die Produkte, die es auf dem Markt gibt.

Bei Flohbefall muss aber auch das gesamte Umfeld des Hundes im Haus behandelt werden. Mit einem Raumvernebler kann man dann den Flöhen zu Leibe rücken, die sich gerade irgendwo im Haus verkrochen haben. Außerdem sollten alle Decken, Kissen und Ähnliches, mit denen der Hund Kontakt hat, so heiß wie möglich gewaschen werden. Teppich und Fußboden muss man mit Staubsauger und Schrubber bearbeiten. Das gründliche Säubern muss so lange wiederholt werden, bis wirklich keine Flöhe mehr da sind.

Häufiges Kratzen kann ein Anzeichen für Parasitenbefall sein.

Flohhalsbänder haben unserer Erfahrung nach nicht die Wirkung, wie Spot-on-Präparate sie haben. Und bei einer richtigen Flohinvasion wirken sie so gut wie gar nicht.

Milben

Auch Milben können unsere Russells befallen. Sie sind mindestens genauso lästig wie Flöhe mit dem Unterschied, dass man Milben nicht sieht. Meist äußert sich ein Milbenbefall in Form von Juckreiz, den man sich nicht erklären kann. Manchmal ist die Haut gerötet, der Hund kratzt sich wund oder die betroffenen Hautstellen sehen entzündlich aus.

Schüttelt Ihr Hund ständig den Kopf und ist der Gehörgang gerötet oder gar richtig schmutzig, dann können auch Ohrmilben die Ursache sein. **Ohrmilben** sollen die häufigste Milbenart sein, mit der man zu tun hat. Wir hatten bisher zum Glück noch keinen Kontakt damit. Zur Behandlung gibt es aber geeignete Mittel, die einfach ins Ohr eingeträufelt werden. Durch das anschließende Schütteln des Kopfes – was der Hund automatisch macht, also die Prozedur am besten draußen durchführen – und das vorsichtige Auswischen mit einem weichen Tuch können dann Milben mitsamt Schmutz entfernt werden.

Die regelmäßige Kontrolle und Pflege der Ohren beugt einem Ohrmilbenbefall vor. Ein bewährtes Hausmittel ist handwarmes Olivenöl. Es wirkt beruhigend und pflegend und unterstützt auch die Abheilung von Entzündungen.

Wir haben immer mal wieder Probleme mit **Grasmilben**, insbesonders im Herbst (**Herbstgrasmilbe**). Bei einem Befall entsteht eine Rötung der Haut am Bauch, an den Innenschenkeln, an den Pfoten und an der Ellbogenbeuge, also überall dort, wo die Haut weich und weniger behaart ist. Die Larven dieser Milbe wartet im Spätsommer und Herbst auf Gräsern und Sträuchern sitzend auf vorbeimarschierende Wirtstiere, hüpfen auf dessen Körper, wo sie sich zwei Tage lang so richtig vollsaugen, um dann abzufallen und sich wieder im Boden zu verkriechen. Dort entwickeln sie sich zu erwachsenen fortpflanzungsfähigen Milben.

Diese Milben sind nicht gefährlich, höchstens lästig. Oft hilft es, den Hund mit den erwähnten Spot-on-Präparaten oder mit einem speziellen Spray zu behandeln. Ist neben der Haut auch das Fell rötlich, was bei dauerndem Belecken durchaus sein kann, hilft es, diese Stellen einfach zu scheren.

Unserer stark befallenen Hündin haben wir den gesamten Bauch und die Pfoten geschoren und die Milben verschwanden innerhalb kürzester Zeit. Generell verschwinden sie aber sowieso in den Wintermonaten.

Die **Haarbalgmilbe**, auch **Demodexmilbe** genannt, ist da schon ein weitaus ernsteres Problem. Haarbalgmilben zählen in begrenzter Anzahl zu den natürlichen Bewohnern von Haarbälgen und Talgdrüsen. Erst eine massive Vermehrung führt zu einem Krankheitsbild. Besonders Jungtiere und Hunde mit geschwächtem Immunsystem erkranken daran.

Man unterscheidet lokalisierte (nur bestimmte Stellen an Kopf oder Pfoten sind betroffen) und generalisierte (Ausdehnung auf Hals, Brust, Bauch und Schenkelinnenflächen) **Demodikose**, die sich durch haarlose, gerötete Stellen bis zur Entzündung und Verhornung der Haut äußert.

Bei generalisierter Demodikose vermutet man einen erblichen Defekt im Abwehrsystem des Tieres. Daher sollen betroffene Hunde von der Zucht ausgeschlossen werden, auch wenn die Behandlung erfolgreich war.

Wir haben bisher nur von wenigen Einzelfällen bei Jack oder Parson Russell Terriern gehört.

Weitere Milben, mit denen aber unsere Hunde noch nie in Kontakt kamen, sind die **Räudemilbe** (Übertragung durch Kontakt mit Mardern, Füchsen oder anderen Hunden) sowie die **Raubmilbe** (Übertragung durch Kontakt mit befallenen Hunden oder auch Pflegeutensilien).

Wenn Ihr Hund sich kratzt, dass die Haut blutet, Schrumpeln, Pusteln, nässende Ekzeme oder sonstige Hautveränderungen entstehen, Sie aber nichts finden können, dann sollten Sie von Ihrem Tierarzt feststellen lassen, um welche Milbenart es sich handelt und wie man sie am besten behandelt. Leidet Ihr Hund unter dem Befall, ist es höchste Zeit, etwas zu tun. Regelmäßiges Entwurmen, Kämmen, Bürsten und ab und zu eine genaue Kontrolle sorgen für einen rund-

herum gesunden Hund. Solange das Haarkleid Ihres Russels schön ist und glänzt, dürften auch keine Milben am Werk sein.

Läuse und Haarlinge

Diese kleinen Schmarotzer können auch das Leben unserer Hunde beeinträchtigen. Dazu sei gesagt, dass ein normal gepflegter Hund weder Läuse noch Haarlinge zu verbuchen hat. Allerdings kann durch Kontakt mit befallenen Tieren der Hund diese Parasiten aufschnappen.

Man erkennt sie, genauso wie Flöhe, an ihren Hinterlassenschaften und auch an den Eiern (Nissen), die sie ins Fell kleben. Der Juckreiz bleibt natürlich nicht aus und man versucht herauszufinden, was den Hund so plagt.

Haarlinge und Läuse sind ebenso wie Flöhe mit verschiedenen Präparaten, Sprays und Shampoos abzutöten. Wir hatten zum Glück noch nie mit Läusen und Haarlingen zu tun. Sie kommen auch tatsächlich fast nur bei verwahrlosten und streunenden Hunden vor.

Zecken

Zecken sind kleine Blutsauger, die vor allem dann ekelhaft werden, wenn deren vollgesogener Körper vom Hund gefallen ist und – sobald man darauftritt – einen dunkelroten Fleck hinterlässt. Zecken lassen sich auf den Hund fallen, suchen sich eine weiche Stelle am Körper, verbeißen sich in die Haut und saugen sich randvoll mit Blut. Dass sie dabei auch Krank-

heiten (vor allem Borreliose) übertragen können, kann man leider nicht vermeiden.

Zecken lassen sich aber recht gut entfernen, wann man sie mithilfe einer Zeckenzange oder Ähnlichem aus der Haut herausdreht. Sollte der Kopf auch mal stecken bleiben, ist das meistens nicht so schlimm. Die dicke Haut des Hundes kann das sehr gut absto-ßen. Nur selten entstehen wirklich Wunden oder Ent-zündungen. Manche Russells entfernen auch selbst mit ihren Zähnen die Zecken. Häufig bemerkt man das

dann nicht und die Bissstelle verheilt ungesehen. Die Hauptsaison für Zecken sind Mai/Juni und Sep-tember/Oktober. In dieser Zeit hilft am besten die Pro-phylaxe mit einem Spot-on-Präparat, das speziell auch Zecken abhält. Auf alle Fälle sollten Sie beson-ders in der Zecken-Saison Ihren Russell nach jedem Spaziergang absuchen und die Plagegeister so schnell wie möglich entfernen. Denn je länger sie sich am Hund vollsaugen, desto größer ist die Gefahr, dass sie Krankheiten übertragen.

![Jack Russell Terrier mit blauem Ball im Maul]

Wenn ein Russell kastriert wird, kann er genauso aktiv und sportlich bleiben wie vorher.

Kastrieren und Sterilisieren

Kennen Sie auch dieses Märchen: „Kastriert werden Rüden, sterilisiert werden Hündinnen"? Das ist natürlich völlig falsch. Kastriert werden beide. Das Entfernen der Hoden beim Rüden ebenso wie der Eierstöcke der Hündin nennt man Kastrieren. Beim Sterilisieren werden lediglich Eileiter beziehungsweise Samenleiter durchtrennt, was beim Menschen zwecks Verhütung durchgeführt wird, was aber beim Hund unsinnig ist, da das Geschlechtsgebaren erhalten bleiben würde: Rüden bleiben weiterhin auf Brautschau und Hündinnen werden weiterhin läufig.

Man kastriert Rüden und Hündinnen, um zu verhindern, dass sie sich vermehren können, und bei Hündinnen auch, damit sie nicht mehr läufig werden. Somit ist ungewünschter Nachwuchs ausgeschlossen. Viele kastrierte Hunde werden etwas ruhiger, fauler und bequemer. Das liegt aber eher an dem Überangebot an Nahrung und den dadurch entstehenden Fettpölsterchen als an der Kastration. Die Hormone fressen nicht mehr mit, also füttern Sie Ihren Russell etwas weniger und er wird rank und schlank bleiben.

Ob ein Hund kastriert werden soll, ist reine Ansichtssache, falls es nicht aus medizinischen Gründen erfolgen muss. Daher muss sich jeder Hundehalter vorher darüber informieren und abwägen, ob es für seinen Hund infrage kommt. Es schadet dem Tier nicht, nur der natürliche Drang, sich paaren zu müssen, besteht

nicht mehr. Bei Hündinnen ist damit die Gefahr, an einer Gebärmutterentzündung zu erkranken, was häufig im Alter der Fall ist, gebannt. Auch das Risiko für verschiedene Krebsarten ist geringer, wenn ein Hund kastriert wurde. Zu diesem Thema gibt es aber reichlich Literatur, die für Sie eine wichtige Entscheidungshilfe sein kann. Auch Gespräche mit Tierärzten und anderen Hundehaltern können hilfreich sein.

Unfälle

Russell Terrier sind im Allgemeinen sehr robuste Hunde, die kaum erkranken. Egal, ob bei Sonne, Nässe, Regen, Schnee, tierischer Kälte oder sengender Hitze – unsere Russells waren und sind immer fit. Letztendlich ist aber auch der Russell ein Lebewesen, das sich etwas einfangen beziehungsweise dem etwas passieren kann. Oft wird das vergessen. Kein Lebewesen hat die Garantie auf ewige Gesundheit. Auch in freier Wildbahn werden Tiere krank. Relativ häufig werden Jack und Parson Russell Terrier in Verkehrsunfälle verwickelt. Viele Russell-Interessenten, die uns anrufen und nach einem Welpen fragen, haben uns schon von solchen, meist tödlichen, Verkehrsunfällen erzählt. Der Hund hat eine Katze oder ein Reh gesehen und ist über die Straße gelaufen. Oder er war in der Hauseinfahrt und wurde überfahren. Oder er wurde beim Spazierengehen von einem Auto erwischt …

Diese Momente musste ich, Gott sei Dank, nie miter-leben, aber es scheint doch häufig vorzukommen. Und bei einer Kollision mit einem Auto steht es schlecht um den Russell, ganz egal, wie langsam das Auto war.

Überhaupt sind Unfälle, nicht nur Verkehrsunfälle, bei Russell Terriern relativ häufig. Durch ihren Mut und ihre Dreistigkeit bringen sie sich selbst allzu oft in Gefahr.

Werden Hunde beim Ausreiten mitgenommen, sollten sie einen gebührenden Abstand vom Pferd einhalten, damit sie nicht doch mal „unter die Hufe" kommen.

Hier ein kleiner Auszug von Unfällen mit Jack und Parson Russell Terriern.

🐾 *Parson Russell wurde auf der Koppel von einem Pferd erschlagen oder getreten, bei dem Versuch, das Pferd zu jagen.*

🐾 *Jack Russell wurde von Dachs im Bau totgebissen, nachdem der Jack den Dachs gewittert hatte und in den Bau verschwunden war.*

🐾 *Jack Russell ertrank beim Schwimmen in einem normalen Bach. Die Strömung hatte den Hund abgetrieben und durch einige Stromschnellen katapultiert.*

🐾 *Parson Russell ertrank, als er in einen zugefrorenen See einbrach. Wenn ein Hund auf dünnem Eis einbricht, gibt es für den Menschen so gut wie keine Möglichkeit, ihn zu retten.*

🐾 *Jack Russell stürzt in den Bergen ab. Russells werden gern mit auf Wanderungen in die Berge genommen. Nicht immer weiß aber der Jack, wie gefährlich sein Herumhüpfen sein kann. Auf einmal gerät ein Stein ins Rollen und der Hund rollt mit.*

Im Allgemeinen kann man sagen, je besser der Hund erzogen ist und je besser er gelernt hat, auf Zuruf zu hören und auch auf ein Abbruchsignal wie „Stopp" oder „Nein" zu reagieren, desto geringer ist das Unfallrisiko. Wir Menschen können Gefahrenquellen mit dem Verstand als solche identifizieren. Ein Russell kann das nicht. Sie allein sind für den Schutz ihres Russells verantwortlich, der sich nur auf Sie verlassen kann. Denn Sie sollten das Wissen und die Erfahrung haben, Gefahren zu erkennen und den Hund entsprechend zu stoppen.

Achtung!

Hat Ihr Hund starke Schmerzen, lassen sich Blutungen nicht stillen, sind die Verletzungen groß und ist er angeschlagen, matt oder im Bewegungsapparat stark eingeschränkt, muss er unverzüglich dem Tierarzt vorgestellt werden.

Pfotenballenverletzungen

Wenn der Russell beim täglichen Spaziergang irgendwo auf einen spitzen oder scharfen Stein, eine Glasscherbe oder irgendetwas anderes getreten ist, das ihm den Pfotenballen zerschnitten hat, wird das eine langwierige Sache. Ihr Hund wird humpeln, je nach Tiefe des Schnittes bluten und bei einer Kontrolle kann man die Verletzung gut sehen.

Fremdkörper kann man an Ort und Stelle entfernen. Ballenverletzungen lassen sich aber nicht nähen und sie heilen durch die Belastung nur langsam. Durch Belecken hält sie der Russell sauber. Als Hilfestellung kann man ihm einen Pfotenschuh anziehen. Ist die Wunde einmal verschlossen, wächst Haut nach und der Ballen ist wieder intakt.

Bei so aktiven und unternehmungslustigen Hunden, wie es die Russells sind, können gelegentlich auch mal kleine Verletzungen auftreten.

Löcher, Wunden und Kratzer

Ist Ihr Russell ein verwegener kleiner Wildfang, wird er vermutlich auch irgendwann mal mit einem Kratzer, einem Löchlein oder kleineren Wunden daherkommen. Alles kein Grund zur Panik! Auch Kinder kommen mal mit aufgescheuerten Ellbogen oder Knien heim. Mütter mit mehreren Kindern wirft das kaum aus der Bahn. Da heißt es dann: „Was hast denn Du schon wieder gemacht?" oder „Kannst Du nicht besser aufpassen?" Desinfektionsmittel und Pflaster sind nie Mangelware und kaum verbunden, ist der Patient auch schon wieder unterwegs.

Bei unseren Russels ist das in etwa auch so, obwohl die Haut eines Hundes nicht ganz so schnell kaputt geht wie die eines Menschen. Doch nach einer kleinen Keilerei, wildem Herumtoben oder anderen Aktivitäten kann der Hund schon mal kleine Verletzungen davontragen. Solange sich der Hund belecken kann, heilen solche Verletzungen meist problemlos von selbst.

Für den Hund unerreichbare Wunden sollte man täglich mit Desinfektionsmittel auswaschen. Das reicht, um eine Entzündung zu verhindern.

Knochenbrüche

Sind Körperteile deformiert, Gelenke stark geschwollen und der Russell zeigt bei Berührung deutliche Schmerzen, dann muss er sofort dem Tierarzt vorgestellt werden. Brüche müssen operativ wieder korrigiert werden, was in den meisten Fällen gut funktio-

niert. Ist der Bruch nicht allzu kompliziert, wird der Russell auch wieder rundherum gesund.

Erkrankungen und Infektionen

Es gibt eine Vielzahl von Erkrankungen, vor denen auch Jack und Parson Russell Terrier nicht gefeit sind, angefangen von Augen- und Ohrenentzündungen über Magen-Darm-Erkrankungen bis zu Gebärmutterentzündungen oder gar Krebs. Nicht immer ist die Ursache dafür eine Erbanlage. Häufig spielen die Haltungsbedingungen, Umwelteinflüsse, Ernährung und Bewegung eine wesentliche Rolle dabei.

Es gibt aber auch Russells, die ihr ganzen Leben lang pumperlgesund sind, fast bis zum letzten Atemzug – eigentlich ein traumhaftes Dasein mit einem ebenso traumhaften Abgang.

Selbst in einem großen Rudel wie bei uns mit immerhin zurzeit 15 Tieren unterschiedlichen Alters und unterschiedlicher Größe erfreuen sich alle bester Gesundheit. Deshalb glauben wir, dass neben einer verantwortungsvollen Zucht auch das Umfeld des Hundes eine wichtige Rolle für sein Wohlergehen spielt.

Ein Hund, der aus starker Inzucht kommt, wird vermutlich der Umwelt weniger entgegenzusetzen haben als ein Hund, dessen Genvielfalt viel größer ist.

Hunde, die in einer Großstadt leben, werden vermutlich mehr mit Schmutz, Bakterien, krankmachenden Keimen und Überträgern in Kontakt kommen als Hun-

Fühlt sich ein Russell sehr matt und wirkt apathisch, sollte er auf alle Fälle dem Tierarzt vorgestellt werden.

de, die auf dem Land leben, mehr über grüne Wiesen flitzen können, den Misthaufen durchgraben, durch Wald und Flur streifen und vielleicht mal einem Kaninchen hinterherrennen.

Eine ernsthafte Erkrankung erkennt man als Erstes an der Mattigkeit seines Russells. Wenn sich ein Ruttler kaum aus seinem Korb erhebt, dann ist da etwas faul. Fühlt sich der Hund heiß an, sabbert er, trinkt er extrem viel Wasser, liegt er nur apathisch rum, verweigert er auch seine Leckerli, sind die Augen glanzlos, sieht man dem Hund einfach an, dass er krank ist, dann gehört er zum Tierarzt. Vermutlich ist eine Infek-

tion im Anmarsch, die behandelt gehört. Um welche Infektion es sich dann handelt, wird Ihnen Ihr Tierarzt sagen und den Hund entsprechend therapieren. Für die zahlreichen Krankheiten, die bei Hunden vorkommen können, und deren Behandlung gibt es viele gute Sachbücher. Daher werden sie hier nicht näher beschrieben. Auf mögliche beim Russell vererbbare Erkrankungen gehe ich später im Vererbungskapitel kurz ein.

Krankhafter Durchfall

Im Kapitel über die Ernährung des Russells habe ich schon berichtet, dass es besonders bei der Ernährungsumstellung vorübergehend zu Durchfall kommen kann, weil der Hund bestimmte Bestandteile in seinem Speiseplan nicht gewohnt ist. Auch haben wir gelernt, dass die Konsistenz des Kotes stark von der Nahrung abhängt, die der Hund aufnimmt, und dass flüssiger oder dünner Kot nicht unbedingt sofort eine Durchfallerkrankung ist.

Hat der Russell aber wirklich krankhaften Durchfall, für den es eine Reihe von Ursachen geben kann, dann fühlt er sich schlecht. Er zieht sich zurück, schläft viel, ist sehr still, sabbert, will nichts fressen und zeigt ein mattes Allgemeinbefinden. Wenn der Russell flüssigen Stuhlgang hat, der dazu vielleicht noch mit Blut vermischt ist und ziemlich übel riecht, dann ist er wirklich krank.

Durchfallkranke Hunde sollten viel trinken, um den Flüssigkeitsverlust auszugleichen. Ein bis zwei Hungertage können helfen, den Magen-Darm-Trakt wieder zu beruhigen. Und keine Sorge, Ihr Russell verhungert nicht, wenn er mal zwei Tage nichts frisst. Hat er keinen Durchfall mehr, kann man ihm wieder Futter – zunächst leichte Kost in kleineren Portionen – anbieten. Sollte sich allerdings keine Besserung einstellen, weil der Durchfall vielleicht durch ein hartnäckiges Virus ausgelöst wird, ist ein Gang zum Tierarzt unvermeidbar. Schlagen dann die Medikamente an, muss zusätzlich noch die Darmflora mit einer entsprechenden Futterergänzung wieder aufgebaut werden. Ihr Tierarzt wird Sie beraten.

Vergiftungen

Vergiftungen sind auch etwas, was man in heutiger Zeit nicht ausschließen kann. Russells neigen dazu, so ziemlich alles zu fressen, was sie finden. Ist Ihr Hund besonders verfressen, dann nimmt er vermutlich alles auf, was irgendwie verschluckbar ist. Das kann ihm aber das Leben kosten, denn Menschen benutzen verschiedene Gifte, um sich von diversen Schädlingen zu befreien. Und manche haben es auch auf Hunde abgesehen!

Leider kommt so etwas immer mal wieder vor: präparierte Wurststückchen, die bewusst an Wegrändern ausgelegt werden. Ein Hund kommt vorbei und

schnapft sich das vermeintliche Leckerli. Rattengift kann ihn dann zum Beispiel das Leben kosten, denn oft bemerkt man zu spät, dass es sich um eine Vergiftung handelt, sondern glaubt eher an eine harmlose Erkrankung.

Häufig werden auch Köder aufgenommen, die gar nicht für den Hund bestimmt waren. Mäuse und Ratten werden vielfach mit Giften bekämpft, die nicht sofort, sondern erst nach einer gewissen Zeit wirken. Sekundärvergiftungen können den Russell durchaus

Es ist ideal, wenn man seinen Russell auch draußen jederzeit abrufen kann, damit er gegebenenfalls davor bewahrt wird, giftige Dinge zu verschlucken.

betreffen, der vielleicht eine vor sich hin taumelnde Maus gefunden und darin leichte Beute gesehen hat. Mit der Maus frisst er auch den Köder.

Ebenso sind Unkrautvernichter und Schneckenkörner nicht unbedingt gesund für unseren Hund, auch wenn der Text auf der Verpackung etwas anderes behauptet. Gehen Sie davon aus, dass alles, was Sie in Ihrem Garten verstreuen und was chemischer Natur ist, für den Hund nicht gut ist. Und vertrauen Sie nicht immer auf seinen Instinkt. Verzichten Sie in Ihrem Garten auf jedes Düngemittel, jede Parasitenbekämpfung (Mottenkugeln in Wühlmauslöchern gehören auch dazu) und alles, was künstlich hergestellt worden ist. Es könnte den Russell töten.

Manche Vergiftungen führen schnell zum Tod, andere werden noch nicht mal erkannt. Bringen Sie Ihrem Hund früh genug bei, auf ein „Nein" zu reagieren. Rufen Sie Ihren Hund zu Trainingszwecken von seinem Futter weg oder bringen Sie ihm bei, mit dem Fressen aufzuhören, wenn Sie es sagen. Wie Sie das machen, das bleibt Ihnen überlassen. Wichtig ist, dass der Hund auf dieses „Abbruchsignal" reagiert. Findet der Hund draußen dann etwas Fressbares, können Sie ihn abrufen oder ihn dazu bringen aufzuhören.

Unsere Russells reagieren draußen auf das Kommando „Spuck's aus". Angefangen haben wir mit beliebtem Spielzeug, dass sie auf „Spuck's aus" sofort liegen lassen mussten. Später waren es dann Schweineohren, Rindersehnen oder irgendwas anderes Schmackhaftes, das die Hunde nicht so schnell fres-

sen können. So brachten wir ihnen bei, mit dem Fressen sofort aufzuhören, was ihnen in einem Ernstfall das Leben retten kann.

Der Russell wird alt

Wie jeder Hund wird auch der so lieb gewonnene Ruttler irgendwann einmal alt und damit können auch die Alterswehwehchen Einzug halten. Auf einmal verträgt Ihr Russell das Futter nicht mehr, das er noch vor einem Jahr mit Wonne verschlungen hat. Er zittert erbärmlich bei der Kälte des Winters, bekommt Magenschmerzen, nachdem er Schnee gefressen oder kaltes Wasser getrunken hat, erleidet eine Blasenschwäche und beginnt, bei nassem Wetter zu humpeln.

> *Ich kannte einen 14-jährigen Jack Russell eines Fiakers (Kutschenfahrers in Wien), der seinen Hund immer auf dem Bock dabeihatte. Im Laufe des Alters ertrug der Jack die Kälte im Winter aber nicht mehr. Um ihn nicht zu Hause lassen zu müssen, kaufte der Fiakerfahrer seinem Jack einen Mantel, der den Pferdedecken bis aufs Haar glich, lediglich kleiner war, und zog seinen Jack jeden Tag an. Zudem kuschelte sich der Jack mit Vorliebe zwischen die Decken, die für Passagiere bereitgehalten wurden, und konnte mitfahren, ohne dass ihm kalt wurde – natürlich sehr zur Freude der Gäste.*

Manche Russells werden auch im hohen Alter nie wirklich krank und zeigen sich nicht gebrechlich, andere bauen dagegen stark ab. Wie der Körper das Altwerden verarbeitet, hängt von jedem Individuum selbst ab. Haben Sie Ihren Russell schon lange, werden Sie bemerken, was ihm gefällt, was ihm guttut und auf was er reagiert. Danach kann man sich richten.

Um zu verhindern, dass Ihr Russell extrem viel kaltes Wasser trinkt, was gerade im Winter nicht so besonders gut ist, geben Sie ihm sein Futter eingeweicht. Denn wenn Sie ihm trockenes Futter geben, ist der

Ein alter Russell benötigt eine ganz besondere Fürsorge.

Durst groß und der Hund wird Schnee fressen und auch kaltes Wasser trinken, um diesen zu löschen. Weicht man das Futter ein, ist der Durst geringer. Auch das Füttern von kleinen Futterkroketten hat sich bei uns bewährt. Unsere alte Hündin frisst und verträgt am besten eingeweichtes Welpenfutter. Auch sie trinkt daher nicht mehr so viel. Da wir verhindern wollen, dass sie gerade im Winter zu viel kaltes Wasser schluckt, tauschen wir im Garten das kalte Wasser immer gegen warmes aus.

Besonders Fürsorge für den alten Russell

Alte Hunde brauchen manchmal besondere Fürsorge, haben ein anderes Wärmeempfinden und sind vielleicht nicht mehr so agil. Wir schmunzeln immer wieder über unsere alte Jacki-Hündin, die liebend gern vor dem brennenden Schwedenofen liegt und sich regelrecht braten lässt. Während keiner von uns es länger als ein paar Minuten vor dem Ofen aushält, scheint es ihr aber mächtig zu gefallen.

Wichtig ist auch, dass man die Zähne regelmäßig kontrolliert. Hunde mit starkem Zahnstein fressen vielleicht aus dem Grund nicht mehr gut, da ihr Zahnfleisch schmerzt. Auch Zahnfisteln durch abgebrochene Zähne können Unbehagen bereiten. Wie schon erwähnt, ist das Fressen von Knochen natürlich die ideale Zahnpflege.

Frisst der Russell im Alter schlechter, sollte man das Futter auf zwei Mahlzeiten verteilen. Allerdings sollte man wissen, ob der Russell schlecht frisst, weil er hei-

kel geworden ist oder weil er nicht mehr fressen kann. Etwas Feingefühl ist vonnöten, denn auch ein alter Russell hat schnell herausgefunden, was er tun muss, um nur das Beste vom Besten zu erhalten. Krankheitsanzeichen sollte man bei einem alten Hund ernst nehmen. Das Immunsystem funktioniert vielleicht nicht mehr so gut und ältere Hunde sind eben auch wie wir Menschen anfälliger als junge und kräftige.

Nun stellt sich die Frage, wann denn der Russell jetzt alt ist. Das hängt auch wieder vom Einzelnen ab. Manche Hunde zeigen mit neun oder zehn Jahren an, dass sie langsam aber sicher alt werden, andere kugeln mit 14 Jahren noch wie die Verrückten durch die Welt und lassen sich ihr Alter nicht anmerken. Mit etwas Hundeverstand wird man bemerken, wann der Hund zu altern beginnt.

Wenn es zu Ende geht

Jeder Hundebesitzer wird im Laufe seines Lebens mit dem Tod seines Hundes konfrontiert. Denn selbst, wenn der Hund eines natürlichen Todes stirbt, wird sein Mensch ihn in der Regel überleben, da die Lebenserwartung eines Hundes nun mal wesentlich kürzer ist.

Manche Hunde sterben rasch, manche völlig unerwartet, manche haben aber auch einen langen Leidensweg hinter sich, bevor sie endlich gehen dürfen.

Oft wollen wirklich kranke oder verletzte Tiere gehen, können aber nicht, weil man sie mit allen Mitteln der

Kunst am Leben erhält. Ist das wirklich unsere Pflicht? Den Hund mit allem, was wir zu bieten haben, am Leben zu erhalten, auch wenn das Leben noch so schrecklich ist? Ist der Tod wirklich so entsetzlich, dass man ihn zu vertreiben versucht?

Wir müssen es ihm nicht zumuten, sich zu Tode zu quälen und nur noch mit Medikamenten am Leben gehalten zu werden. Aber diese Entscheidung nimmt Ihnen auch nicht der Tierarzt ab, sondern die müssen Sie selbst fällen. Sie sehen Ihren Hund jeden Tag, merken, wie es ihm geht, und erkennen vielleicht auch, was besser wäre. Da gilt es, die eigenen Interessen zurückzustellen und das zu tun, was für den Hund das Beste ist. Das sind Sie ihm schuldig. Er wird Ihnen auch signalisieren, ob er noch Lebenswille hat oder ob er vielleicht doch erlöst werden sollte.

Ein Hund, der schwer krank oder auch schwer verletzt ist, weiß, dass er sterben wird. Der betroffene Hund sieht das vermutlich aber weit weniger eng als sein Besitzer, der sich Sorgen macht und um das Leben des Vierbeiners kämpft.

Stellen Sie sich vor, Sie haben ständig Schmerzen, fühlen sich immer unwohl, werden Ihres Lebens nicht mehr froh und haben nur noch den einen Gedanken, gehen zu dürfen. Auch wir Menschen können es nicht, wenn wir wollen, weil man uns ebenso wenig lässt. Aber wir können uns meistens melden, sagen, wie schlecht wir uns fühlen und wie es uns tatsächlich geht. So ein Hund kann das nicht. Geduldig ertragen diese Tiere ihre Pein oder ihr Dasein, ohne auch nur einen Mucks von sich zu geben. Mit viel Hoffnung, auch eingebildeter Hoffnung, sagen wir dann: „Er will ja leben. Schau, wie er kämpft."

Ja, bis zu einem gewissen Grad kämpfen Hunde auch, und zwar dann, wenn sie sich kräftig genug fühlen, weiterleben zu können und zu wollen.

Aber wenn der Blick sagt „Bitte lass mich doch endlich gehen", dann sollte man auch in diesem Moment seine Freundschaft und Liebe zum Tier unter Beweis stellen und ihm diesen Wunsch erfüllen. Der Tod ist für den Hund nicht weiter tragisch. Für ihn hört auf, was immer ihn gepeinigt hat. Er kann über die Regenbogenbrücke gehen und dort weiter verweilen, bis irgendwann diejenigen kommen, die ihn geliebt haben. Es tut nur den Hinterbliebenen weh, die ihr geliebtes Tier nun nicht mehr um sich haben.

Wir Menschen sind egoistisch genug, ein Tier so lange am Leben erhalten zu wollen, wie es nur geht. Doch manchmal ist es eher ein Zeichen der Liebe, ihn in Würde sterben zu lassen, ihn in guter Erinnerung zu behalten und zu fühlen, wie seine Seele, die den Körper verlässt, leise „Danke" sagt, um dann das hinterbliebene Herz irgendwann einem neuen Wegbegleiter zu schenken. Es hat ganz sicher nichts mit mangelnder Tierliebe zu tun, seinen Hund einschläfern zu lassen, wenn seine Augen schon so sehr darum bitten.

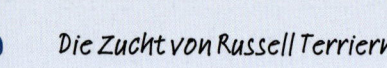

Die Zucht von Russell Terriern

In diesem Buch ging es bereits um die beiden Rassen Jack Russell Terrier und Parson Russell Terrier, wobei ich keinen Unterschied zwischen dem Hund mit Papieren, dem ohne Papiere oder den nicht ganz reinrassigen Russell gemacht habe, da sich jeder angesprochen fühlen soll, der so einen tollen Hund besitzt. In diesem Kapitel mache ich dabei keine Ausnahme. Es gibt Züchter, deren Welpen Papiere haben, es gibt welche, die keine Papiere haben, es gibt Zufallswürfe und Mischlingswürfe. Hier möchte ich allen eine kleine Hilfestellung geben, die sich – ob gewollt oder nicht – mit der Zucht und dem Nachwuchs Ihres Russell Terriers konfrontiert sehen.

Sehr viele Menschen kennen sich mit dem Liebesleben der Hündin und des Rüden nicht wirklich aus, wissen bei der Bedeckung nicht wirklich Bescheid, und stehen manchmal daneben, wenn bei der Geburt nicht alles so glatt läuft, wie es soll. Dieses Buch soll helfen, Fehler zu vermeiden, und dazu beitragen, dass man nicht so ratlos ist, wenn sich zum Beispiel die Hündin nicht decken lassen will oder wenn der angebliche Geburtstermin schon mehrere Tage überschritten ist.

Und vielleicht verhindert dieses Buch auch ungewollte Bedeckungen oder dass Rüde und Hündin während ihrer lustvollen Zeit ihre eigenen Wege gehen. Ich hoffe, dass ich allen Freunden der Russell Terrier damit dienlich sein kann.

Wann ist man ein Züchter?

Die Zucht von bestimmten Tierarten ist eine sehr verantwortungsvolle Aufgabe. Ganz offiziell wird jemand nur als Züchter bezeichnet, wenn die Fortpflanzung der Tiere kontrolliert erfolgt. Bei Hunden handelt es sich dann in der Regel um Hundehalter, die vorausschauend und gezielt nach Abstammung und vererbbaren Merkmalen die richtigen Elterntiere aussuchen, um Nachkommen zu erhalten, die einem bestimmten Standard entsprechen und natürlich möglichst gesund sind. Meistens haben die daraus hervorgehenden Welpen entsprechende Papiere und werden in einem zuständigen Verband registriert.

Es gibt natürlich auch gute Züchter, die sich nicht im zuständigen Verband haben registrieren lassen und dennoch verantwortungsvoll züchten und hervorragende Welpen hervorbringen.

Wer aber nur einen Wurf als Zufallsprodukt aufzieht, weil er vielleicht nicht richtig auf seine läufige Hündin aufgepasst hat, oder mit seiner Hündin unbedingt mal einen Wurf haben möchte, gilt eigentlich offiziell nicht als echter Züchter.

Es dauert nicht mehr lange, dann passe ich nicht mehr in den Schuh!

Im Folgenden möchte ich Ihnen zeigen, wie die Zucht von Russell Terriern aussieht, was man beachten sollte und was eigentlich noch so hinter der Zucht steckt, als nur einen Rüden und eine Hündin zusammenzulassen.

Zucht bedeutet, Verantwortung für seine erwachsenen Hunde und auch für die Welpen zu übernehmen. Und Zucht sollte auch bedeuten, in jeder Hinsicht zu versuchen, die Gesundheit, Leistungsfähigkeit und Fortpflanzungsfähigkeit des Jack Russell Terriers und des Parson Russell Terriers zu erhalten.

Meine Zucht – mit oder ohne Papiere?

Es gibt offensichtlich sehr viele Züchter, die ohne Papiere züchten. Die Gründe hierfür können sehr verschieden sein:

🐾 Wir wollten nur ein oder zwei Würfe machen.

🐾 Wir wollen uns das mit einem Verein nicht antun.

🐾 Wir wissen nicht, wie man das macht.

🐾 Unsere Hündin hat auch keine Papiere.

🐾 Unsere Hündin ist nicht hundertprozentig reinrassig.

🐾 Wir wollen auf keine Ausstellungen gehen, und das muss man dann ja.

Es gibt noch einige weitere Argumente, aber diese genannten sind wohl die häufigsten, die mir untergekommen sind.

Wie wichtig sind nun wirklich die Papiere? Und ist mein Welpe damit besser?

Die Ahnentafel beinhaltet Daten, die für jemanden, der länger züchten möchte, als nur ein oder zwei Würfe in den nächsten 15 Jahren großzuziehen, sehr wichtig sein können. Sie geben Aufschluss darüber, welche Ahnen mein Hund hat und ob der Rüde, den ich für die geplante Bedeckung gewählt habe, mit meiner Hündin verwandt ist oder nicht.

Die meisten „Zufallszüchter" oder sagen wir „Gelegenheitszüchter" machen sich darüber wenig Gedanken. Sie haben eine süße, liebe Russell-Hündin, der Bekannte im Nachbarort einen frechen, aber doch charmanten Rüden und genau die beiden werden dann verpaart, ohne daran zu denken, ob sie vielleicht verwandt sein könnten.

Sehr oft hörte ich auch schon, „… unsere Hündin haben wir in Salzburg gekauft, der Rüde kommt aus Niederösterreich, die sind sicher nicht verwandt." Nun, wir haben schon Ahnentafeln von Hunden gesichtet, die aus Norddeutschland stammten, und dabei die Verwandtschaft zu in Österreich gezogenen Hunden entdeckt.

Bei Zuchttieren, die keine Papiere haben, und auch Welpen, die keine Papiere haben, kann man nicht wissen, ob sie vielleicht doch miteinander verwandt sind. Vielleicht ist aber einer der beiden Zuchtpartner sogar genfremd und höchst wertvoll für die Zucht, was aber niemand weiß, da das Tier keine Papiere hat. Zudem tauchen immer wieder angeblich reinrassige

Wenn man die Abstammung der Eltern kennt, kann man dafür Sorge tragen, dass möglichst keine Erbkrankheiten weitergegeben werden.

Jack und Parson Russell Terrier auf, die nicht hundertprozentig reinrassig sind. Mag sein, dass ein Russell-Fachmann das erkennt. Aber in der Regel werden diese Russell-Welpen als reinrassig verkauft, obwohl vielleicht eine andere Rasse mitgemischt hat.

Warum Papiere sinnvoll sind

Grundsätzlich möchte ich sagen, dass es wirklich vernünftiger ist, sich einen Zuchtverein zu suchen, dort Mitglied zu werden und eine Zucht mit Papieren anzustreben. So gehen wichtige Daten, welche den

Hund betreffen, nicht verloren. Oft lassen sich Verwandtschaften bis in die 10. Generation zurückverfolgen. Manchmal kann man im Internet auch Bilder finden, zum Beispiel vom Großvater der 6. Generation. Wir werden noch erläutern, wie wichtig diese Daten sind. Außerdem lassen sich manchmal bestimmte Erbkrankheiten gewissen Linien oder Vererbern zuordnen, sodass man solche Probleme vermeiden kann, wenn man Informationen darüber hat. Oder man findet in der Ahnenreihe – zum Beispiel durch Suchen im Internet – die Erklärung für ein Problem, welches man in der Zucht vielleicht selbst hat oder hatte.

Zudem gibt Ihnen das Dokument Aufschluss über die wichtigsten Daten Ihres Hundes wie Geburtsdatum, Haarart, Fellfarbe, Chipnummer (oder auch noch die Tätowierungsnummer) und – was noch viel wichtiger ist – über die Rassezugehörigkeit.

Ein Jack Russell Terrier oder ein Parson Russell Terrier ist dann ganz sicher reinrassig, wenn er Papiere hat und in einem Zuchtverband eingetragen ist. Ein Welpe ohne Papiere ist immer süß, aber eine Garantie, dass der Hund wirklich rasserein ist, gibt es nicht, auch wenn Sie die Mutter und den angeblichen Vater gesehen haben. Bei Rassehunden wurden schon häufig DNA-Untersuchungen durchgeführt, um festzustellen, ob wirklich der präsentierte Papa der Deckrüde war. Suchen Sie sich einen Zuchtverein, der Ihre Hunde aufnimmt, erkundigen Sie sich über die Regeln dieses Vereins, über die geforderten Vorsorgeuntersuchungen und machen Sie aus Ihrer Zucht etwas. Somit haben Sie etwas in der Hand und können sich von jenen distanzieren, die nur einen Zufallswurf haben.

Erbkrankheiten und Inzucht

Es gibt gewisse negative Merkmale, die ein Hund durchaus weitervererben könnte oder kann. Besonders bei Neuzüchtern werden diese Dinge gern unbeachtet gelassen.

Nun, die Sache lässt sich nicht aus der Welt schaffen, indem man den Kopf in den Sand steckt. Deshalb sollte man doch einige Gedanken an die Vererbung von Krankheiten verschwenden, die im engen Zusammenhang mit der Inzucht steht, was wiederum den Begriff Auszucht in den Raum wirft.

Aber was ist denn das nun alles?

Wir haben uns in der Zucht etwas nach der Natur orientiert. Das, was die Natur vormacht, kann eigentlich nicht so falsch sein, sondern es sind wir Menschen, die Fehler machen, diese oft noch nicht mal bemerken und dann versuchen, die Fehler wieder auszubügeln – oder auch nicht auszubügeln (weil man keine Einsicht hat), sondern zu reparieren versucht, was noch zu reparieren ist.

Genvielfalt ist wichtig

In der Natur hat jede Spezies einen relativ hohen Genpool. Das heißt ganz einfach – und viele Genetiker mögen mir an dieser Stelle meine Vereinfachung ver-

zeihen – eine hohe Vielfalt an Genen, die für die Vererbung der unterschiedlichsten Bereiche verantwortlich sind. Zudem vermeidet die Natur ganz bewusst Inzucht, also die Verpaarung verwandter Tiere, wie man bei Beobachtungen von wild lebenden Pferden und Wölfen beobachten konnte. Ich will damit nicht sagen, dass Inzucht in der Natur nicht gelegentlich vorkommt. Günter Bloch hat während seiner langjährigen Beobachtung von wild lebenden Wölfen herausgefunden, dass sich verwandte Tiere nur dann untereinander paaren, wenn wirklich keine andere Möglichkeit besteht. Wenn also schon die Natur Inzucht vermeidet, um eine hohe Genvielfalt in der Population zu erhalten, sollte es logisch sein, dass das in der Hundezucht genauso weitergeführt werden sollte.

Leider ist genau das nicht der Fall. Oft ist sogar die Zuchtpopulation in einer Region – das Material an zur Verfügung stehenden Zuchttieren – relativ klein. Die Zuchttiere sind teilweise miteinander verwandt und Fremdblut, also Tiere, die mit dem Zuchtpartner absolut nicht verwandt sind, eher dünn gesät bis gar nicht vorhanden. Wird dann ab und zu mal ein Hund von irgendwoher importiert, reicht der oft nicht aus, um die Vielfalt in der Population wieder anzuheben. Zudem erlauben manche Zuchtvereine eine Anpaarung mit einem Rüden aus einem anderen Verein nicht. Das heißt, auch wenn ein Rüde super zu einer Hündin passen würde, weil er eben nicht mit ihr verwandt ist, heißt das noch lange nicht, dass der Zuchtverband diese Anpaarung auch erlaubt.

Das hat unterschiedliche Gründe, die meist in der Zuchtordnung verankert sind. Es gibt Verbände, die verlangen für eine Zuchttauglichkeit bestimmte Papiere. Nicht selten müssen diese Papiere aus demselben (Dach-)Verband stammen, sonst werden sie nicht anerkannt. Meistens werden auch bestimmte Ausstellungsergebnisse gefordert (mehr dazu auf Seite 144). Vorsorgeuntersuchungen für bestimmte Krankheiten sind ebenfalls Voraussetzung für eine Zuchtzulassung. Denn es gibt beim Jack und beim Parson Russell Terrier einige Defekte, die gehäuft diesen Rassen zugeschrieben werden und die weitervererbt werden könnten (siehe Seite 141 f.).

Kleine Vererbungslehre

Jedes Lebewesen hat eine bestimme Erbinformation. Wenn zwei Lebewesen Nachkommen erzeugen, dann geben jeweils der Vater und die Mutter 50 Prozent ihrer Erbinformationen weiter.

Für jedes Merkmal wie zum Beispiel Farbe, Größe, bestimmte Anlagen und so weiter ist ein eigenes Gen oder eine Kombination bestimmter Gene zuständig. Jedes Chromosom und somit auch Gen ist doppelt vorhanden, da man je einen Chromosomensatz von der Mutter und vom Vater erhält. Die Ausprägung eines Gens, das Allel genannt wird, kann jedoch unterschiedlich sein. Ist die Ausprägung gleich, so ist das Tier bezüglich dieses Gens homozygot. Ist die Ausprä-

gung ungleich, so ist das Tier bezüglich dieses Gens heterozygot.

> ### Die wichtigsten Fachbegriffe im Überblick
>
> 🐾 **Allelpaar:** *zwei für ein bestimmtes Merkmal zuständige Gene, jeweils von Vater und Mutter*
> 🐾 **Autosomal:** *das Gen ist nicht auf den Geschlechtschromosomen X und Y vorhanden*
> 🐾 **Dominant:** *stärkeres Gen, welches das Erscheinungsbild bestimmt*
> 🐾 **Genom:** *Gesamtheit der Gene eines Individuums*
> 🐾 **Genotyp:** *Gesamtheit der genetischen Informationen eines Organismus*
> 🐾 **Heterozygot** *oder* **mischerbig:** *ein Allelpaar, dessen Allele unterschiedliche genetische Informationen enthalten*
> 🐾 **Homozygot** *oder* **reinerbig:** *ein Allelpaar, dessen Allele dieselben genetischen Informationen enthalten*
> 🐾 **Phänotyp:** *äußeres Erscheinungsbild eines Individuums*
> 🐾 **Rezessiv:** *schwächeres, unterdrücktes Gen, welches das Erscheinungsbild nur bestimmt, wenn es homolog, also doppelt als Allelpaar vorkommt*

Und jetzt wird es komplizierter. Sind beide Ausprägungen eines Gens, also beide Allele, normal, dann ist der Hund, was immer er jetzt auch vererbt, homozygot normal. Ist ein Gen normal, das andere verändert, so ist der Hund heterozygot und gilt als Träger eines bestimmten Defekts, wird aber nicht erkranken, wenn es sich um einen rezessiven Erbgang handelt. Sind beide Allele verändert, so ist der Hund betroffen und der Defekt wird zum Tragen kommen. Jetzt bedient sich die Natur aber eines Tricks, der ganz gut funktioniert. Die meisten Erbkrankheiten werden rezessiv vererbt, das heißt, beide Elterntiere müssen Träger des Gens sein und es weitergeben, damit ein Nachkomme daran erkrankt. Noch etwas leichter zu verstehen ist das bei der Farbvererbung. Das Merkmal für die Farbe Weiß ist rezessiv, für Schwarz dominant. Verpaart man einen genetisch weißen Hund mit einem, der nur Gene für Farbe trägt, kommen Welpen heraus, die alle Farbe haben, da sich Weiß gegen Schwarz nicht durchsetzen kann. Ist der schwarze Hund aber auch Träger eines Gens für Weiß, kann es weiße Welpen geben, und zwar, wenn sie von Vater und Mutter das Gen für Weiß erhalten. Das heißt, es können zwei farbige Hunde durchaus weiße Welpen produzieren, wenn sie beide Träger eines Gens für die Farbe Weiß sind.

Ebenso verhält es sich mit Langhaar und Kurzhaar. Wird ein Hund, der reiner Träger von Kurzhaarigkeit ist, mit einem Hund verpaart, der langhaarig ist, werden die Welpen kurzhaarig bleiben, da Kurzhaar gegenüber zu Langhaar dominant ist.

Wir glauben auch, dass es sich ähnlich mit der Kurz- und Rauhaarigkeit unserer Russells verhält. Da aller-

Dieser Jacki trägt viel Weiß und hat wenige Abzeichen am Körper, aber einen dunklen Kopf – so ist es häufig erwünscht.

dings sehr viele, ja fast alle Russells in ihrer Ahnenreihe irgendwo einen Onkel oder eine Urururoma haben, die rauhaarig war, wird bei einer Verpaarung von Kurz- und Rauhaar immer etwas Rauhaariges dabei sein. Meist werden aber mehr kurzhaarige Welpen geboren als rauhaarige.

Kurzhaar x Kurzhaar ergibt immer Kurzhaar, Kurzhaar x Rauhaar oder Broken-Coated ergibt viele Kurzhaarwelpen und weniger rauhaarige oder welche, die dem Broken-Coated-Schlag sehr nahe kommen. Hier sei aber darauf hingewiesen, dass noch nicht genau geklärt ist, wie sich die Haarlänge bei den Russell Terriern vererbt.

Jetzt kommt das Dilemma: In unserer heutigen Zucht von Jack und Parson Russell Terriern wird vielfach nach außen hin selektiert. Der schönste Rüde, der mit den meisten Titeln, darf sich fortpflanzen. Er deckt öfter als der Hund, der vielleicht nicht so schön und so

toll ist. Denn nicht selten bedient man sich bestimmter Linien und auch der Inzucht, um gewisse Merkmale zu festigen. Dass dabei die Genvielfalt abnimmt, ist klar. Je mehr sich die Population in sich vermehrt, desto weniger Neues von außen reinkommt, desto leichter treffen sich die Träger zweier Defektgene, um eine Krankheit ausbrechen zu lassen. Es hilft dann auch nicht, erkrankte Tiere zu selektieren, also nicht zur Zucht zuzulassen, denn irgendjemand hat diese Krankheit ja vererbt. Die Gene müssen dann nicht nur von Papa oder Mama, sondern können auch von Hunden in den hinteren Generationsreihen stammen. Deswegen wäre es nach meinem Dafürhalten so wichtig, die Zucht nach einer sehr hohen genetischen Vielfalt der Zucht nach absoluter Schönheit und Standard vorzuziehen. Solange das nicht gelingt und immer noch der schönste Hund mit den vielen Pokalen das Vorrecht gegenüber dem nicht so schönen, aber mit dem höheren Fremdblutanteil hat, sich fortzupflanzen, werden wir uns immer wieder mit Erbkrankheiten herumschlagen, die rassespezifisch sind.

Mögliche vererbbare Krankheiten des Russells

🐾 Katarakt (Linsentrübung, Grauer Star)

Katarakt ist eine Linsentrübung, die bei fortschreitendem Krankheitsverlauf bis zur Erblindung des Auges führen kann.

Es gibt viele Faktoren, die eine Trübung der Linse herbeiführen können. Sie kann aber auch vererbt werden. Der Katarakt, der schon beim Welpen und Junghund auftritt, vererbt sich autosomal rezessiv. Die Vererbung des Altersstars ist nicht ganz klar. Sie ist möglicherweise dominant veranlagt.

🐾 Linsenluxation

Von einer Linsenluxation wird gesprochen, wenn sich die Linse aus ihrer Verankerung löst und in den hinteren oder den vorderen Teil des Auges verlagert wird. Bei Nichtbehandlung kann das Tier erblinden. Beim Jack und auch beim Parson Russell Terrier ist diese Krankheit unter anderem auch erblich bedingt. Die Linsenluxation vererbt sich autosomal rezessiv.

🐾 Progressive Retina Atrophie (PRA)

Die PRA ist ein Überbegriff für verschiedene erbliche Netzhauterkrankungen. Bei dieser Krankheit sind immer beide Augen betroffen. Sie vererbt sich autosomal rezessiv.

🐾 Patellaluxation (PL)

PL bedeutet eine Verlagerung der Kniescheibe aus der Gleitrinne. Diese Krankheit betrifft vermutlich so ziemlich alle kleinen Hunderassen mehr oder minder stark. Dabei ist nicht sicher geklärt, ob sich diese Krankheit vererbt oder während des Wachstums entsteht. Da man eine Vererbung nicht wirklich ausschließen kann, sollen Hunde mit PL nicht zur Zucht zugelassen werden.

**Ataxie und Myelopathien bei Terriern
(Hereditäre Ataxie)**

Diese Krankheit kommt bei Foxterriern sowie bei Jack und Parson Russell Terriern gehäuft vor und tritt bereits im zarten Welpenalter auf. Dabei erfolgt ein Abbau der weißen Substanz im Hals- und Brustbereich des Rückenmarks. Symptome sind Muskelzittern, ein steifer, breitbeiniger, betrunkener Gang und mehr oder minder starke Orientierungslosigkeit. Manchmal kippen die Tiere auch einfach um, können nicht mehr aufstehen oder sich nicht mehr von der Rückenlage in die Bauchlage bewegen. Beim Jack und Parson Russel Terrier wird auch der Hörnerv geschädigt, was die zunehmende Taubheit eines Hundes bedeutet. Solche Hunde haben absolut nichts in der Zucht verloren. Wir haben aber nie beobachtet, dass die Fellfarbe Weiß auch zusammen mit Taubheit auftritt, wie es bei manchen anderen Hunderassen vorkommt.

Die Auszucht

Wir sind starke Verfechter der Auszucht. Wir nehmen lieber einen Rüden in Kauf, der äußerlich vielleicht kleine Fehler hat, aber viel Fremdblut mitbringt, damit ein möglichst hoher Genpool gewährleistet ist, als einen Rüden, der vielleicht sehr typvoll ist, aber doch irgendwo mit der Hündin verwandt ist. Sollten Augen-, Ohren-, Nerven- und Knieprobleme vererbt werden, so ist das die beste Möglichkeit, dies zu vermeiden. Züchtet man immer wieder mit Hunden weiter, bei deren Vorfahren oder auch Geschwistern Probleme die-

ser Art auftauchen oder aufgetaucht sind, so muss man davon ausgehen, dass der eigene Hund Träger ist. Da hilft auch kein Selektieren, sondern nur der direkte Weg in die Auszucht, damit ein dominantes Gen das schadhafte Gen überdecken kann.

Auch Allergien, die sehr oft beim Jack und auch beim Parson Russell Terrier vorkommen, kann man durch gezielte Zuchtauswahl minimieren. Wir haben beobachtet, dass sehr viel mehr Russells an Allergien und Hautirritationen leiden, deren weiße Fellfarbe dominiert. Sie sind auch anfälliger auf äußere Reize als Russells, die mehr Pigment tragen.

Abgesehen davon, dass bunte Russells beliebter sind als weiße, sind wir bemüht, Russells mit viel Farbe zu züchten, damit deren Besitzer sich hinterher möglichst wenig mit Allergien herumschlagen müssen.

Ausstellungen

Ausstellungen hatten ursprünglich den Sinn, Hundezüchter und Besitzer an einem Wettbewerb teilnehmen zu lassen, um den schönsten Rüden und die schönste Hündin einer Rasse zu küren.

Wir haben angefangen, Ausstellungen zu besuchen, als unser Weißer Schäferhund damals in die Zucht gehen sollte, damit er auch von allen Züchtern gesehen und wahrgenommen wurde. Der Hund wurde rundherum begutachtet, die Zähne und Hoden kontrolliert und das Wesen beurteilt. Ist der Hund ruhig, aufge-

schlossen, aggressiv, gefährlich, lebhaft, was auch immer.

Die Richterberichte unseres Hundes waren so unterschiedlich, dass man glauben konnte, es wäre jedes Mal ein anderer Hund im Ring gewesen. Dem einen Richter gefiel das nicht, dem anderen dies nicht, der eine war hin und weg, der nächste beanstandete eine Narbe und meinte, der Hund hätte makellos zu sein. Ich wäre nicht ich, wenn ich das Ganze nicht irgend-

wann hinterfragt hätte, und ich kam hinter ziemlich interessante Dinge.

Eine Ausstellung kann sehr nett, hübsch und unterhaltsam verlaufen und sie kann dann hässlich enden, wenn man das Gefühl hat, dass gewisse Züchter bevorzugt werden.

Es gibt kaum jemanden, der es gern hört, wenn ein Richter einen Hund nicht so gut beurteilt. Gerade für jene, die nicht oft an Ausstellungen teilnehmen, ist es

Dieser Jack Russell Terrier ist ein Champion aus einer amerikanischen Linie.

schwer zu verkraften, wenn der Hund „schlecht" gemacht wird, weil dem Richter laut Standard dies oder jenes nicht gefällt. Richtige Ausstellungsfreaks stehen dabei über den Dingen. Wenn der Russell bei dieser Ausstellung eben nicht so gut abgeschnitten hat, dann ist er bei der nächsten wieder der Schönste. Hat man einen wirklich schönen Russell, kann man aber auch der Ausstellungssucht verfallen, nämlich dann, wenn absolut jeder Richter den so speziellen, charmanten und wunderschönen Russell zum Sieger kürt. Diese Leute können meist nicht genug von Ausstellungen bekommen, reisen von einer zur anderen, nehmen dabei schon an grenzüberschreitenden Veranstaltungen teil und schrecken auch nicht davor zurück, in den Flieger zu steigen und in Übersee an Ausstellungen teilzunehmen. Und jeder gewonnene Pokal wird zu Hause stolz zu den anderen aufs Regal gestellt.

Eine Ausstellung zu besuchen ist also definitiv Geschmacksache. Während die einen von „Muss" und von Championatstiteln sprechen, schütteln andere den Kopf. Manche Jack- und auch Parson-Züchter besuchen nur die Ausstellungen, die unbedingt notwendig sind, um für den Hund die Zuchtzulassung zu erhalten. Andere wiederum besuchen Ausstellungen aus Ehrgeiz immer auf der Jagd nach Anwartschaften und Titeln.

Besuchen Sie doch einfach eine Ausstellung erst mal ohne Hund, um sich selbst ein Bild machen zu können. Suchen Sie sich etwas Größeres aus. Auf jeder Homepage der verschiedensten Vereine werden die Ausstellungstermine genannt. Mit Sicherheit werden sie dort Rassen sichten, die Sie nur aus Büchern kennen. Wie weit Sie dann zu Ausstellungen mit Ihrem Russell gehen wollen, müssen Sie selbst entscheiden. Wenn Sie aber in Erwägung ziehen, mit Ihrem Russell zu züchten und somit auch dem passenden Zuchtverband angeschlossen sind, müssen Sie mit Ihrem Hund einige Ausstellungen besuchen, da mehrere gute Ausstellungsergebnisse auch eine Voraussetzung für die Zuchtzulassung sind.

Ausstellungen werden in den verschiedensten Vereinen abgehalten und in Klassen unterteilt. Für Welpen gibt es die Babyklasse, für ganz junge Hunde die Jüngstenklasse, dann folgt die Jungendklasse und schließlich die Offene Klasse, immer getrennt nach Rüde und Hündin. Für die Zuchtzulassung sind Beurteilungen eines erwachsenen Hundes in der Offenen Klasse erforderlich.

Die Läufigkeit

Jack und Parson Russell Terrier sind frühreife Hunde. Das heißt, dass ein Schäferhund im Alter von zwölf Monaten noch immer pubertiert, während ein Russell schon reif und erwachsen ist und weiß, um was es geht. Gut, das weiß vielleicht ein Schäferhund instinktiv auch, aber der ist vom Wesen her noch immer ein dummer Jüngling, was der Russell nicht mehr ist.

Ab dem 8. oder 9. Lebensmonat muss man damit rechnen, dass die Russell-Hündin läufig wird. Häufig fällt die Läufigkeit in den Herbst, so im September, Oktober, oder auch ins Frühjahr, meist im Februar. Allerdings sind das keine Richtwerte, denn es gibt auch Russels, die mitten im Juni oder im Dezember läufig werden.

Wölfe sind hiebei von der Jahreszeit abhängig. Sie brauchen, um ihre Welpen aufzuziehen, ein größeres Futterangebot. Ehrlich gesagt stelle ich mir das für ein Wolfskind auch recht ungemütlich vor, bei minus 20 Grad geboren zu werden. Deshalb werden Wolfskinder meist im Frühjahr geboren.

Unsere Russels leben aber wohlbehütet in unseren Räumlichkeiten, brauchen sich um das Futter nicht zu scheren und sich auch sonst keine Sorgen zu machen. Deswegen kann der Hund das ganze Jahr über läufig werden.

Generell sagt man, dass Hunde zweimal im Jahr läufig werden. Wir haben aber schon oft erlebt, dass genau das nicht der Fall war. Dazu später mehr.

Falls Sie einen Wurf planen, sollte Ihre Russell-Hündin mindestens über ein Jahr alt sein, bevor Sie sie zum ersten Mal decken lassen. Wählen Sie den Deckrüden früh genug, denn ist die Hündin erst mal läufig, dann haben Sie nur noch wenig Zeit, sich darum zu kümmern. Sie bemerken die Läufigkeit an Blutstropfen, die sie auf dem Boden finden, und nicht wissen, woher sie kommen. Die Hündin leckt sich vermehrt, da sie sich sauber halten möchte.

Schauen Sie sich das Hinterteil Ihrer Hündin genau an. Nehmen Sie ein Taschentuch und putzen Sie über ihr Geschlechtsteil, die sogenannte Schnalle. Ist das Taschentuch hinterher noch weiß, ist alles okay, ist es aber bräunlich oder rötlich, dann wird Ihre Hündin gerade läufig. Wenn Sie ihre Schnalle schon öfter beäugt haben, werden Sie bemerken, dass sie angeschwollen ist. Das ist normal und sie wird sogar noch etwas dicker werden.

Ist Ihre Hündin nun läufig, sollten sie Rücksicht nehmen. Andere Hunde reagieren auf die Düfte der Hündin und wollen vielleicht aufreiten, denn die wenigsten Rüden haben gelernt, mit Hündinnen richtig umzugehen. Haben Rüden zudem wenig Kontakt zu weiblichen Hunden, glauben sie sowieso, dass alles, was weiblich ist, dazu da ist, um gedeckt zu werden. Dabei können sie der Hündin so richtig auf die Nerven gehen.

Haben Sie eine resolute Hündin, wird sie sich zur Wehr setzen und dem Rüden zickig an die Gurgel springen. Manchmal lassen sich Rüden davon beeindrucken, manchmal auch nicht.

Eine läufige Hündin gehört deshalb draußen an die Leine oder sie gehen dort mit ihr spazieren, wo man normalerweise nicht auf Hunde trifft. Sollte doch einer des Weges kommen, dann leinen Sie Ihre Hündin an und machen den anderen Hundebesitzer darauf aufmerksam, dass Läufigkeitsalarm besteht. Denn gegenüber anderen Hundebesitzern ist es unfair, mit einer läufigen Hündin aufzukreuzen und die Hunde

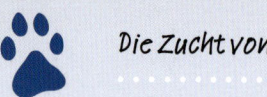
einfach mal „machen zu lassen", um sie dann im richtigen Moment zu trennen, oder sie angeleint zu lassen, damit sie sich nicht paaren können.

Haben Sie einen eigenen Rüden, wird der ebenfalls auf die Läufigkeit reagieren und die Hündin ständig hinten belecken. Damit Sie nicht wahnsinnig werden, empfehle ich Ihnen, Rüde und Hündin in der Zeit der Läufigkeit voneinander zu trennen. Der Rüde kennt den Zeitpunkt genau, wann die Hündin paarungsbereit ist, und wird sehnsüchtig darauf warten und stän-

Ist dort etwa meine Angebetete? Ein Rüde hat sofort in der Nase, wenn sich eine läufige Hündin in Nähe befindet.

dig hinter der Hündin her sein. Sie wird ihn auf Abstand halten bis zu dem Zeitpunkt, an dem sie auch will. Dann ist Hundeliebe fällig.

Während der Läufigkeit blutet eine Hündin mehr oder minder stark. Manche verlieren nur ein paar Tropfen,

> **Vorsicht!**
> *Eine Läufigkeit dauert um die 21 Tage, mal 20, mal 22. In dieser Zeit behalten Sie bitte Ihre Hündin im Auge, leinen sie an und lassen sie nicht unbeaufsichtigt im Garten. Fremde Rüden werden sehr erfinderisch, wenn es um die Liebe geht, und auch Hündinnen sind dann nicht mehr so brav, wie es scheint. Auf einmal ist die Hündin weg und kommt erst nach Stunden wieder heim. Gedeckt, das versteht sich von selbst.*

manche bluten sehr stark. Man kann sich mit „Hundehöschen" behelfen, damit die Hündin ihr Blut nicht im ganzen Haus verteilt. Diese Schutzhosen gibt es im Fachhandel in verschiedenen Größen. Allerdings verhindert eine Schutzhose keine Bedeckung.

Der Deckakt

Wollen Sie die Hündin einem Rüden vorstellen, so bietet sich der 11. oder 12. Tag der Läufigkeit an. In dieser Zeit sollte die Hündin in der Stehzeit, auch Stehhitze genannt, sein. Stehzeit bedeutet, dass sich die Hündin dem Rüden anbietet. Das heißt, wenn der Rüde sie beschnuppert und beleckt, drückt sie ihren Rücken leicht durch, reckt den Hintern in die Höhe, legt den Schwanz zur Seite oder streckt diesen ganz in die Höhe und blinkt mit den Schamlippen. Sie bleibt wie ein Bock stehen, wenn der Rüde bei ihr ist und sie herumstößt. Sollte man sich nicht sicher sein, kann man den richtigen Zeitpunkt auch vom Tierarzt mittels Abstrich ermitteln lassen.

Mit einer unerfahrenen Hündin sollten Sie zu einem Rüden fahren, der nicht ganz so weit weg wohnt, um die Hündin in dieser Situation kennenzulernen und nicht unglücklich einen weiten Weg zurücklegen zu müssen, falls es nicht geklappt haben sollte.

Fahren Sie mit einer Hündin, die zum ersten Mal

> **Immer zum Rüden fahren**
> *Planen Sie eine längere Fahrt zum Deckrüden, sollte der genaue Deckzeitpunkt ermittelt werden. Denn wenn sich die Hündin dem eigenen Rüden hingibt, heißt das noch lange nicht, dass sie dies auch beim fremden Rüden tut. Man sollte auch immer mit der Hündin zum Rüden fahren und nicht den Rüden kommen lassen, damit die Hündin nicht in ihrem angestammten Revier ist und das zu verteidigen versucht. Rüden reagieren zudem manchmal sehr verunsichert, wenn sie woanders decken sollen, und verhalten sich reserviert, was sie zu Hause vielleicht nicht machen würden. Also, ab zum Rüden.*

gedeckt werden soll, am besten zu einem Rüden, der damit Erfahrung hat.

Beobachten Sie die Hündin, wenn Sie beide zusammen lassen, und vor allen Dingen, lassen Sie sie zusammen. Manche versuchen, den Rüden an der Leine an die Hündin heranzuführen, die Hündin wird festgehalten und dann soll der Rüde Liebe machen. Seien Sie mir nicht böse, aber da würde ich auch streiken. Und in der Natur geht es auch von allein.

Es stimmt schon, dass Hunde kein Schamgefühl haben wie wir Menschen. Aber auch Hunde lieben es, ungestört zu sein. Sie wollen sich kennenlernen, flirten und sich dann der Liebe hingeben.

Wie die beiden Hunde Hochzeit feiern, ist unterschiedlich. Manche spielen etwas, bevor der Rüde versucht aufzureiten. Manche Hündinnen animieren den Rüden, indem sie an seinem Geschlecht lecken, manche jammern und winseln – jeder hat so seine eigene Art des Liebesspieles.

Was man jedoch sofort bei beiden erkennt, ist dieser seltsame Liebesblick. Die Ohren nach hinten, die Augen weit offen und manchmal kommt auch ein staksiger Gang dazu. Der Rüde wird die Hündin etwas umwerben, sie belecken, vielleicht auch mal knuffen, nur um zu erproben, ob sie wirklich will, und wird dann aufreiten. Dabei ist noch lange nicht gesagt,

Das Hängen nach dem Decken – häufig eine recht unbequeme Position.

dass er sie auch schon wirklich deckt. Er reitet erst mal auf, umklammert mit den Vorderbeinen ihre Taille und versucht sich heranzuziehen, was ihm anfänglich nicht wirklich gelingen wird, da er ein paar Versuche braucht.

Der Rüde muss sich an die Hündin heranziehen, muss den Eingang finden, muss komplett in sie eindringen, damit er sich verankern kann. Ein Schwellkörper am Hundepenis verhindert dann, dass er sich von ihr lösen kann, bis der Deckvorgang erfolgt ist. Und das kann nicht beeinflusst werden.

Erstlingshündinnen können bei ihrer ersten Bedeckung jammern. Bei manchen Rüden wird auch der Schwellkörper relativ groß, sodass die Hündin Unbehaglichkeit oder Schmerzen empfindet und stark protestiert. Aber der Rüde kann definitiv nichts dafür. Wenn Sie also sehen, dass der Rüde eng an der Hündin klebt, sich stark bewegt – wir bezeichnen es gern als Abheben, da manche Rüden wirklich mit den Hinterbeinen in der Luft hängen – und dann von der Hündin nicht mehr runter kommt, dann ist es passiert. Sie können nun zu der Hündin gehen, sie etwas festhalten und dem Rüden helfen, dass er sich umdrehen kann. Dazu muss sich der Rüde drehen und ein Hinterbein über den Rücken der Hündin ziehen. Dann stehen die beiden da wie zwei begossene Pudel, Hinterteil an Hinterteil, und warten, bis alles vorbei ist. Manche bezeichnen dies als „Liebesknoten". Wie auch immer, Rüde und Hündin können nun bis zu 30 Minuten miteinander verbunden sein.

Normalerweise sagt der Instinkt den Hunden, dass alles seine Ordnung hat, und wenn der Mensch nun keinen Stress macht, dann warten die Hunde diese Zeit auch ab.

Viele Hundebesitzer empfinden diese Stellung als peinlich, besonders wenn es in aller Öffentlichkeit unbeabsichtigt passiert. Den Hunden ist diese Situation dann ebenfalls unangenehm, vor allem, wenn sie in flagranti ertappt worden sind, und wollen eigentlich nichts wie weg, können aber nicht. Es lässt sich jetzt sowieso nicht mehr ändern, denn der Samenerguss hat bereits stattgefunden. Man muss einfach warten, bis der Knoten abschwillt und die Hunde sich trennen können. Bei einer geplanten Bedeckung werden Sie vermutlich ruhiger sein als bei einer ungeplanten.

Ich gebe Ihnen nur den Tipp: Machen Sie niemanden nervös und lassen Sie die Hunde in Ruhe. Je mehr Hektik und Nervosität aufkommt, desto unwilliger werden Hunde, die gewollt Liebe machen sollen, und umso schlimmer wird die Situation für Hunde, bei denen es ungewollt zum Deckakt kam, weil wir Menschen nicht aufgepasst haben.

Eine Besonderheit der Hündin

Im Grunde geht man davon aus, dass, wenn die Hündin einmal gedeckt ist, nichts mehr passieren kann. Ganz so ist die Sache nun auch wieder nicht, denn die Hündin hat eine Besonderheit, die kaum jemand weiß und die fast in keinem Buch geschrieben steht. Die reifen Eizellen werden erst nach der Läufigkeit be-

fruchtet und nicht während des Deckaktes. Das heißt, die Hündin sammelt den Samen der Rüden, die sie gedeckt haben, und kann dann auch von mehreren Vätern Welpen bekommen.

Das ist der Grund, warum in so manchen Mischlingswürfen (Hündin war vielleicht eine Nacht lang unterwegs) die Welpen so unterschiedlich ausschauen, weil vielleicht mehrere Rüden beteiligt waren.

Wir glauben, dass der Grund in der Inzuchtvermeidung liegt. Hat die Hündin die Möglichkeit, mehrere Rüden zum Zug kommen zu lassen, so werden auch mehrere Gene verteilt, was wiederum einer Genverarmung vorbeugt.

Es gilt also, auf die Hündin auch noch aufzupassen, wenn der Deckrüde seine Pflicht bereits erfüllt hat, denn die Hündin würde einen anderen Rüden auch nicht ablehnen und Welpen gäbe es dann von beiden. Zudem sollte man wissen, dass die Läufigkeit einer gedeckten Hündin ein paar Tage länger dauern kann als die normalen 21 Tage.

Mit diesem Wissen passt man auf seine Hündin ganz anders auf. Und ist sie trotzdem entwischt, braucht man sich nicht zu wundern, wenn man statt lauter Russells plötzlich einige sehr seltsam gefärbte Welpen im Wurflager findet.

Eine weiter Vermutung ist, dass besondere Umwelteinflüsse auch dazu führen können, dass die Trächtigkeit innerhalb der ersten 30 Tage beendet wird. Bei anderen Tierarten hat man nämlich festgestellt, dass bestimmte Gerüche von anderen männlichen Tieren

zu einem Schwangerschaftsabbuch geführt haben. Es ist nicht ausgeschlossen, dass so etwas auch be Hunden vorkommen kann, wenn zum Beispiel die Hündin in der ersten Zeit auch einen anderen Rüden trifft oder sogar auch noch von ihm gedeckt wird. Weitere wissenschaftliche Untersuchungen werden hoffentlich darüber Auskunft geben können. Es bleibt spannend!

Schwierigkeiten beim Deckakt

Nun kann es vorkommen, dass man mit der läufigen Hündin zum auserwählten Rüden fährt, die beiden zusammenbringt und es geht einfach nicht. Entweder die Hündin beißt den Rüden weg, lässt ihn keinen Mil-

Diese Welpen stammen garantiert alle von demselben Vater.

150

limeter an sich ran oder aber der Rüde steigt auf, rammelt wie ein Kaninchen, gibt sich sichtlich Mühe, verankert sich aber nicht.

Den Hunden ist das eigentlich egal. Irgendwann wird der Rüde nicht mehr können und sich erschöpft irgendwo hinlegen und dann und wann die Hündin belecken, aber kaum noch die Kraft haben, sie zu decken. Aber der Mensch, der vielleicht viele Kilometer zum erwählten Hundemann gefahren ist, verzweifelt. Was geht da schief? Was klappt da nicht? Was kann man tun?

Wenn die Hündin nicht will

Hündinnen können extrem zicken, wenn ihnen der Auserwählte nicht gefällt. Knurrend, böse beißend und mit vernichtenden Blicken bestrafend hält sie den Liebhaber auf Distanz, der sich natürlich nach einiger Zeit nicht mehr wirklich an die Hündin heranwagt, und schon aus der Entfernung zu rammeln beginnt. Manchmal duldet sie noch nicht mal das Lecken. Es sieht aus, als wäre sie noch nicht mal läufig. Aber den Flokati von nebenan, eine Pudeldackelspanielkreuzung, den hätte sie nicht nur rangelassen, sondern auch noch aufgefordert.

Wird eine Hündin in der heimatlichen Umgebung sehr gehegt und verwöhnt, dann neigt sie generell dazu, Rüden nicht an sich ranzulassen. Vor lauter „Ich will nicht" oder „Ich mag das nicht" verkriecht sie sich bei den Beinen des Besitzers und wird zur Giftspritze, wenn sich der Rüde auch nur nähert.

Einige Hündinnen sind sehr wählerisch und lassen sowieso nicht jeden Rüden an sich heran. Starke dominante und sehr selbstsichere Hündinnen finden in einem sanften, eher vorsichtigen, vielleicht sogar etwas ängstlichen Rüden keinen Liebespartner. Sie würden dem stürmischen Bastard aus dem Nachbarsdorf den Vortritt geben. Auch Hündinnen, die im Familienverband mit anderen Hunden gehalten werden, wollen vielleicht eher den hauseigenen Rüden als den Fremden. Das gilt aber auch im umgekehrten Fall. Manche Hündinnen können den eigenen Pascha nicht ausstehen, während jeder fremde Rüde sehr willkommen ist. Verbeißt sie den Rüden, wenn er sich nähert, dann stehen die Karten schlecht. Vielleicht „steht" die Hündin noch nicht, denn ohne Stehhitze keine Bedeckung. Manche Hündinnen kommen erst spät in die Stehzeit. Da geht am 11. Tag eben nichts. Ein erfahrener Rüde, der mit Hündinnen zusammenlebt, könnte das erkennen und nur halb so viel Interesse zeigen. Manche Rüden sind da anders veranlagt. Sie bemerken die Läufigkeit und vergessen alles andere.

Es könnte auch sein, dass die Hündin den Rüden nicht mag und ihn nicht attraktiv genug findet. Ist man sich sicher, dass die Hündin in der Stehhitze ist, kann man versuchen, sie etwas festzuhalten. Manche Mädels brauchen nur einen Schubs. Sie bleiben zwar stehen, wollen sich aber mit dem Rüden nicht einlassen. Wenn man sie etwas festhält, dann kann der Rüde sie decken, ohne von ihr gefressen zu werden. Meist ist in der Hängephase die Aggression sowieso vorbei.

Ist die Hündin allerdings generell unwillig, beißt, knurrt, setzt sich beim Festhalten hin und versucht mit allen Mitteln, den Rüden abzuwehren, dann wird das nicht klappen. Auch wenn man im wahrsten Sinne des Wortes die Hündin vergewaltigt, heißt es noch lange nicht, dass sie auch aufnimmt, denn durch die innere Unwilligkeit der Hündin ist es möglich, dass eine Befruchtung der Eier nicht erfolgt und sie nicht trächtig wird.

Ob es nun gut ist, eine Hündin festzuhalten oder nicht, darüber teilen sich die Meinungen. Die einen sagen, nie und nimmer soll eine Hündin zum Sex gezwungen werden. Die anderen sagen, sie soll nicht so herumzicken.

Ich verstehe, wenn man viele Kilometer gefahren ist und dann eine zickige Hündin hat, dass man mit allen Mitteln versuchen wird, sie dennoch gedeckt zu bekommen. Hat man wirklich einen weiteren Weg, sollte man sich vielleicht einige Tage Zeit nehmen und dort einen kleinen Urlaub einplanen. Möglich, dass die Hündin noch ein bis zwei Tage braucht, um in die Stehzeit zu kommen, und dann alles doch klappt.

Hier gibt es kein Problem zwischen Rüde und Hündin – die beiden verstehen sich.

Wenn der Rüde nicht kann

Im Allgemeinen ist es so, dass Rüden keinen Zyklus besitzen und jederzeit deckbereit sind, sobald sie eine läufige Hündin vorgesetzt bekommen.

Rüden, die nie gelernt haben, mit Hündinnen umzugehen, reiten auch auf jungen Hündinnen und kastrierten Hündinnen auf, da sie glauben, alles, was weiblich ist, decken zu müssen. Erhält der Rüde dann eine Abreibung, hat er seine Lektion gelernt. Denn auch ein Rüde sollte lernen, wie man mit den Damen seiner Spezies umgeht, am besten schon in früher Jugend. Und sollte er anfangen aufzureiten, gehört das vom Besitzer tunlichst unterbunden.

Bekommt der Rüde nun wirklich eine potenzielle Ehefrau vorgestellt, dann kann es schon sein, dass er sie vor lauter Begeisterung erst mal überall berammelt. Von der Seite, von vorn, von hinten, aber es wird nichts daraus. Erst, wenn er etwas müde ist, wird er ordentlicher sein Ziel suchen.

Nun gibt es aber Rüden, die sind desinteressiert, und wenn sie aufreiten, dann ist das alles eher halbherzig. Das kann daran liegen, dass die Hündin noch nicht richtig steht. Ein Rüde merkt das. Oder der Rüde ist schlicht und einfach zu dick, um diesen Kraftakt erledigen zu können. Manchmal spielt auch die fehlende Kondition eine Rolle und hin und wieder sind Rüden wirklich einfach zu dumm.

Ist die Hündin zickig und begegnet ihm mit Knurren oder Verbeißen, wird er sich nicht so wirklich an sie heranwagen. Ist der Rüde generell vorsichtig, kann es passieren, dass er dann komplett das Interesse verliert und auch nicht decken will, wenn die Hündin etwas gehalten wird. Man kann dann versuchen, gemeinsam spazieren zu gehen, damit sich die beiden aneinander gewöhnen, oder sie voneinander trennen und später nochmal zusammenbringen. Will der Rüde aber nicht, hilft alles nichts. Auch zum Hundesex gehören zwei. Wenn einer der beiden nicht will, stehen die Dinge immer schlecht.

> *Wenn Sie einen Rüden zur Zucht verwenden, sollten Sie Folgendes beachten:*
>
> 🐾 *Hat der Hund beide Hoden? Einhodigkeit ist vererbbar.*
>
> 🐾 *Hat der Hund ein vollzahniges Scherengebiss? Auch Zahnfehler sind vererbbar.*
>
> 🐾 *Hat Ihr Hund eine Lahmheit oder läuft er hin und wieder auf drei Beinen? Das kann auf eine Kniescheibenverlagerung hindeuten. Auch das ist vererbbar.*
>
> 🐾 *Hat der Hund Schwächen oder gar Krankheiten, die er an die Welpen weitergeben könnte?*
>
> *Wenn Sie Bedenken haben, dass Ihr Russell-Rüde dies oder jenes an die Welpen weitervererben könnten, dann sehen Sie von einer Zucht ab – den Welpen zuliebe.*

Vor der Geburt

Es ist geglückt, Ihre Hündin wurde erfolgreich gedeckt, sie hat also aufgenommen. Und was nun?
Gar nichts. Sie sollten die letzten Tage der Läufigkeit
abwarten, bevor Sie Ihre Hündin wieder gefahrlos mit
anderen Hunden spielen lassen, sonst könnte sie
noch von einem anderen Rüden gedeckt werden (der
ihr vielleicht besser gefällt).

Machen Sie jetzt nicht den Fehler, Ihre Hündin „in
Watte zu packen". Ihr Russell-Mädchen wird nicht verstehen, warum jetzt alles anders ist. Für sie ist alles
normal und sie will auch normal behandelt werden.
Sie will das tun, was sie bisher auch getan hat, und
sie will fressen, was sie bisher auch gefressen hat.
Ein besseres Futter wird sie vermutlich begeistert annehmen, aber es ist jetzt noch nicht notwendig.
Wahrscheinlich wird Ihnen in den ersten vier Wochen
nach dem Deckakt nichts oder nur wenig auffallen.
Manche Hündinnen werden etwas anhänglicher, manche zickiger, manche verfressener, aber im Grunde
wird man kaum etwas bemerken.
Wichtig ist nur, dass Sie sich den Decktag am Kalen-
der vermerken. Schreiben Sie ihn auf, zählen Sie genau 60 Tage hinzu und sie haben einen ziemlich ge-
nauen Wurftermin. Die Trächtigkeit einer Hündin
beträgt in der Regel zwischen 58 und 63 Tagen,
manchmal noch länger. Unsere Hündinnen werfen
meist genau am 60. Tag, schon mal einen Tag davor,

oder zwei Tage danach, aber im Grunde erwischen wir
den Tag immer ziemlich genau.
Sie können sich jetzt in der Zeit, in der Ihre Hündin
draußen herumtollt, die Yuccapalme ausgräbt und die
Nachbarn lautstark verbellt, Gedanken machen, wo
sie werfen soll, wo sich die Welpen aufhalten dürfen,
wenn sie größer werden, und wo dann der Nachwuchs
sein Unwesen treiben darf.

Die richtige Welpenstube einrichten

Seien Sie sich über eines im Klaren: Welpen, die einmal laufen und ihre Welt erobern können, zernagen
alles, was nicht niet und nagelfest ist, und machen
jede Menge Schmutz.
Das heißt, ihnen die komplette Wohnung zur Verfügung zu stellen, ist zwar nett, aber bestimmt nicht von
Vorteil.
Werden Welpen aktiv, dann wollen sie rumtoben und
sie machen dann auch überall hin. Und zwar bevorzugt dorthin, wo Flüssigkeit aufgesaugt wird. Das
kann der Fleckerlteppich, aber auch der gute Perser
oder der Flokati sein. Das heißt, wenn Sie einen PVC-
Boden haben und ein Handtuch auslegen, werden die
Welpen vermutlich sehr oft das Handtuch benutzen,
damit sie sich ihre Pfötchen nicht beschmutzen.
Diese Tatsache machte sich der Handel zunutze und
erfand das Welpenklo. Dabei überdachte man nicht,
dass Welpen nicht so reinlich sind wie Katzen. Es mag
zwar vorkommen, dass Welpen hie und da das Welpenklo benutzen, allerdings ist die Einlage des Wel-

Hier draußen fühle ich mich einfach wohl!

penklos auch ein herrliches Spielzeug. Egal, was man reinlegt, ob Zeitungspapier, Sägespäne, Katzensand, andere saugfähige Materialien – für erkundungsfreudige Welpen ist alles zerfetzbar oder herumzerstreubar. Das heißt also, der eine Welpe hat es vielleicht geschafft, das Welpenklo zu benutzen, der andere hat das Klo mitsamt Inhalt umgedreht und alles verteilt. Zudem sind Russell-Welpen auch nicht groß und schaffen es oft noch nicht über den Rand des Welpenklos. Somit ist das nicht die ideale Lösung.

Es wäre also günstig, wenn Sie einen eigenen Raum vorbereiten, den sie als Welpenstube nutzen können und der idealerweise einen aufwischbaren Boden hat. Vergessen Sie aber eine gemütliche Einrichtung zum Beispiel mit alten Matratzen, Körben, Spielzeug oder Ähnlichem, auch wenn es gut gemeint ist. Denn die kleinen Racker werden alles beschmutzen und später auch zernagen. Der Raum sollte so eingerichtet sein, dass man ihn jederzeit gut sauber machen kann und die Welpen sich dort wohlfühlen.

Wir haben hierfür eine gute Lösung gefunden. Heute haben wir ein eigenes Hundehaus, indem es Boxen ähnlich wie Pferdeboxen gibt, die mit eigenen Wurfhöhlen ausgestattet sind. Diese Wurfhöhlen können mit Rotlichtwärmelampen beheizt werden. Der Boden dieser Boxen besteht aus Holz und Sägespäne dienen als Einstreu – für uns die ideale Methode, die Welpen sauber zu halten. Sie gehen gern in die Späne, da sie sich nicht beschmutzen, können toben, wie sie wollen, wozu sich auch Heu und Stroh bestens eignen, da es zerfetzt werden kann, ohne mich verrückt zu machen. Wir misten mehrmals am Tag aus und so sind die Welpen immer sauber.

Aus dieser Box haben sie einen Auslauf nach draußen, wo man gerade im Sommer einen Welpenkindergarten errichten kann. Was man sich so alles einfallen lässt, bleibt einem selbst überlassen. Man sollte aufpassen, dass der Auslauf dicht eingezäunt ist, damit sich die Welpen nicht verdrücken, nicht verletzen und nirgends runterfallen können.

Auch der Garten eignet sich natürlich hervorragend für Welpen, sofern er hundesicher ist.

Blumen überleben meist ein Zusammentreffen mit Welpen nicht. Hat man also einen Garten, auf den die Frau des Hauses sehr viel Wert legt, sollte man auch die Schönheit des Gartens von der Zerstörungswut der Welpen sichern. Man sollte sich überlegen, welcher Bereich des Gartens verunstaltet werden kann und welcher schön bleiben soll.

Nicht jeder Wurf ist in seiner Art gleich. Sie können einen sehr ruhigen Wurf haben, der überhaupt nichts anbeißt, aber er kann auch aus lauter Rowdys bestehen, die es nur auf Omas Rosen abgesehen haben.

Die Wurfkiste

Unsere Hündinnen werfen alle in einer Transportbox, wie sie im Handel erhältlich ist. Sie sind leicht, einfach sauber zu halten, simulieren eine Höhle, sind transportierbar und vor allem abschließbar – für ein Zimmer in einer Wohnung oder in einem Haus einfach vorteilhaft.

Für eine Russell-Mutti nehmen wir immer die größte Box, die es gibt, damit sie und ihr Wurf genug Platz haben. Viele Russell-Besitzer haben auch andere Tiere wie einen Zweithund oder eine Katze. Dann sollte man beachten, dass vor allem fremde Katzen Welpen bis zu einem gewissen Alter durchaus gefährlich werden können, wie eigene Erfahrungen leider bestätigen. Als Schutz dient hierzu auch eine verschließbare Box, besonders dann, wenn man einmal nicht da ist.

Eine Transport-Box ist die ideale Wurfkiste. Hier fühlen sich alle geborgen.

Auch die Fahrt zum Tierarzt wird mit einer Box wesentlich erleichtert. Generell bin ich dafür, sich den Tierarzt nach Hause einzuladen und mit den Welpen nicht spazieren zu fahren. Manchmal geht das aber nicht, weswegen man Mama und Wurf transportieren muss. In die Box legen wir meist eine alte Decke. Zeitungspapier finden wir persönlich nicht so gut. Werdende Russell-Mütter haben ihre eigene Vorstellung, wie ihr Wurflager aussehen soll, und beginnen oft, in der Box zu graben, schleppen die Decke von A nach B, kratzen darin herum, schieben die Decke nach hinten und dann wieder nach vorn. Mit Zeitungspapier wäre das ein heilloses Durcheinander.

Auch während der Geburt lassen wir die Decken in der Box. Sie werden dann nach Bedarf gewechselt und gewaschen.

Die Hündin verändert sich

Während Sie sich jetzt also mit der Familie beraten, wie Sie alles am besten gestalten, wird Ihre hoffentlich tragende Hündin die Tage genießen, sich auf Spaziergänge freuen und nicht den Anschein erwecken, bald Hundemama zu werden. Erst zwischen der 4. und der 5. Woche ändern sich die Dinge.

Hündinnen gewinnen nicht an Umfang, sondern sie bekommen ein Bäuchlein. Vielleicht sind auch die Zitzen schon etwas gewachsen. Der hintere Teil des Bauches senkt sich als erstes Zeichen einer Trächtigkeit. Will man sich ganz sicher sein, ist jetzt der Zeitpunkt gekommen, um eine Ultraschalluntersuchung durchführen zu lassen, sofern man das möchte. Mit dem Ultraschall kann der Tierarzt feststellen, ob die Hündin tragend ist oder nicht.

Verlassen Sie sich bitte nicht auf die Angabe der Welpenzahl. Das ist schon oft danebengegangen. Statt angegebenen sechs Welpen sind bei großen Rassen dann schon zwölf Welpen geboren worden. Beim Russell waren es statt vier dann sieben. Freuen Sie sich, wenn Sie ein positives Ergebnis haben. Von jetzt an wird Ihre Hündin runder werden.

Zwischen der 4. und 5. Woche fangen die Welpen auch an sich zu bewegen. Es kann sein, dass die Hündin für ein oder zwei Tage ihr Fressen verweigert, bis sie sich an die Welpenbewegungen gewöhnt hat.

Wir haben die Erfahrung gemacht, die Hündin bis zur Geburt so zu füttern, wie sie bisher gefüttert worden ist. Natürlich gibt es ein Leckerli dort oder schon mal etwas Besonderes, aber wir ändern kaum etwas an Futterzeiten oder -mengen. Tragende Hündinnen haben während der Tragzeit sehr unterschiedliche Fressgewohnheiten. Mal fressen sie etwas mehr, mal weniger, mal gar nichts. Das ist in Ordnung so.

Sehr oft wird empfohlen, die Hündinnen öfter zu füttern. Wir haben damit keine guten Erfahrungen gemacht, da die Hündinnen oft zeigen, dass ihnen das zu viel wird. Sie werden dann wählerisch und lassen oft ihr Futter stehen.

Hin und wieder bekommen sie von uns frisches Fleisch und auch Knochen. Diese Besonderheiten werden in Blitzgeschwindigkeit verschlungen. Wir schre-

Bei diesen beide Schwangeren hat es nicht mehr lange bis zur Geburt der Welpen gedauert. Sie haben auch gleichzeitig begonnen zu werfen.

cken auch nicht davor zurück, für die tragenden Hündinnen ab und an zu kochen. Sie mögen Reis mit Gemüse, Haferflocken und etwas gutem Nassfutter sehr gern, allerdings sollte man sie damit nicht zu sehr verwöhnen.

Ab der 5. Woche wird die Hündin nun merklich runder, gemütlicher und schließt sich enger an ihren Men-

Ganz wichtig ist der ständige Zugang zu frischem Wasser. Und auch als säugende Mama ist die Hündin später immer auf Wasser angewiesen, das ständig erreichbar sein sollte, da sie sonst nicht genug Milch produzieren kann.

schen an. Je näher der Wurftermin kommt, desto mehr bleibt sie in ihrer Box oder Kiste. Zum Schluss kann es passieren, dass sie bereits so dick ist, dass sie sich kaum noch bewegen will. Die Atmung ist manchmal etwas schwerfällig und die Hündin liebt es, sich in ihren Decken zu rekeln.

Manche suchen jetzt auch ganz bewusst etwas Höhlenartiges auf. Ein Instinkt sagt der Hündin, dass sie Welpen werfen wird und dass sie einen Platz braucht, wo diese gut aufgehoben sind.

Die Wurfbox sollte daher an einem ruhigen Ort stehen und nicht etwa im Vorraum, wo zigmal am Tag Leute vorbeimarschieren. Ist die Bindung zum Menschen gut, dann wird sich die Hündin gern von ihnen helfen lassen, wenn es losgeht. Stellt sich nur die Frage, wer jetzt nervöser ist: die Hundemama oder die Menschenmama!

Entwurmung der Hündin

Die Hündin sollte eine Woche vor der Geburt und eventuell nochmal eine Woche nach der Geburt entwurmt werden. Nach der Geburt ist es vor allem sinnvoll, wenn Sie mehrere Hunde halten. Bei der ausschließlichen Haltung der Mutterhündin und eventuell noch eines Zweithundes reicht die Entwurmung kurz vor der Geburt.

Die meisten Hunde haben Würmer und kommen gut damit zurecht. Hündinnen geben Wurmeier über die Muttermilch an die Welpen weiter. Natürlich sollten Zuchttiere generell öfter entwurmt werden. Aber die

Entwurmung der Mutterhündin vor und nach der Geburt ist so wichtig, da verhindert wird, dass sich Welpen zu sehr mit Würmern infizieren. Denn Spulwürmer können im Darm des Welpen große Schäden anrichten, wenn sie Überhand nehmen. Diese Schäden sind irreparabel und äußern sich beim Hund später mit ständigem Durchfall und Verdauungsproblemen.

Die Geburt

Gibt es nun einige sichere Anzeichen, dass die Geburt beginnt? Nein, wir haben keine wirklich sicheren entdeckt.

Manche Hündinnen hecheln vorher, zittern und zeigen an, dass etwas nicht in Ordnung ist beziehungsweise dass sie Wehen haben. Andere schnarchen in der Wurfbox, tun ganz relaxed, um dann auf einmal mit dem Werfen zu beginnen. Manche fangen schon Tage vorher an, die Wurfbox „in Ordnung" zu bringen, indem sie darin herumwühlen und den Inhalt dreimal umdrehen. Manche Hündinnen versuchen auch nach draußen zu gehen, da sie glauben, dort einen besseren Platz für die Welpen zu finden.

Beobachten Sie einfach Ihre Hündin und warten Sie ab. Solange sie normal ist, nicht gestresst ist, keine übel riechenden Flüssigkeiten verliert und sehr entspannt wirkt, ist die Welt in Ordnung. Beginnt die Hündin aber stark zu hecheln, zittert sie und will ihre Wurfbox nicht mehr verlassen, dürfte sie Wehen haben.

Ich lege mir immer ein Handtuch und eine desinfizierte Nagelschere griffbereit hin. Im Normalfall nabelt die Hündin ihre Welpen selbst ab, frisst die Nachgeburt und leckt ihr Kind sauber. Erfahrene Hundemütter wissen, wie sie sich zu verhalten haben, und stehen nicht schockiert daneben, wenn ein Welpe geboren wird. Sie erledigen das gelassen, so nach dem Motto, lasst mich bitte in Ruhe, ich kann das.

Liebevoll und vorsichtig wird der Kleine von Mama wieder in die Kinderstube bugsiert.

Hündinnen, die zum ersten Mal werfen, sind dagegen manchmal etwas konfus. Unsere allererste Jacki-Geburt war ein kleines Abenteuer. Auch wir hatten alles vorbereitet. Die Hündin hatte sich bereits an die Wurfkiste mit den Decken darin gewöhnt. Am 58. Tag rechneten wir noch nicht mit einer Geburt, da uns jeder erzählte, dass die Welpen meist erst nach dem 60. Tag geboren werden. Also nahmen wir unsere tragende Hündin, so wie immer, mit in den Stall, um die Pferde zu füttern. Wir wollten nur ungefähr eine halbe Stunde dort bleiben, die Hunde etwas laufen lassen und dann wieder heimfahren. Die Hündin zeigte keine Unruhe und wollte unbedingt mit.

Während des Fütterns bemerkte ich, dass die Hündin zu winseln begann und plötzlich Wasser verlor. Ich war geradezu schockiert, schnappte meinen Hund und brachte sie in mein Auto, zum Glück ein Kombi, mit vielen Decken ausgestattet. Kaum war die Hündin im Auto, gebar sie auch schon ihren ersten Welpen. Oh Gott, ein Welpe im Auto, nichts mit dabei und es war kalt. Was tun?

Auto an, Heizung volle Kanne, Türen zu, Schäferhund auf die Rückbank, ich voll gestresst. Die Hündin rannte zudem immer vor ihrem Welpen weg. Der bewegte sich natürlich und krabbelte herum, aber die Hündin wollte nichts von ihm wissen. Ich war voll in Panik. Auch das noch, eine Hündin, die ihren Welpen nicht annimmt.

Meine Gedanken rotierten, hatte ich doch nicht die Erfahrung, die ich heute habe. Zudem hatte mir das niemand erzählt und die Fachbücher, die es zu diesem Thema zu lesen gab, waren oft zu sachlich geschrieben und so derart unpersönlich, dass ich damit nichts anfangen konnte.

Ich bat also eine Freundin, die Pferde fertig zu füttern, und sauste mit Hund, Kind, Kegel und Welpe nach Hause.

Dort legte ich den Welpen in die Wurfkiste und packte die Hündin dazu. Der Welpe begann jämmerlich zu quieken. Ich dachte, dass ihm einfach kalt war, nahm ein Handtuch und rubbelte ihn kräftig darin, worauf der Welpen noch mehr zu quieken begann. Auf dieses Jammern reagierte nun die Hündin. Sie wollte auf einmal genau wissen, was ich da im Handtuch hatte, war ganz verrückt danach, und ich legte ihr den Welpen unter den Bauch, wo sie ihn nun zu putzen und herumzustoßen begann. Durch das klägliche Jammern wurden die mütterlichen Instinkte aktiviert und sie umsorgte ihren Welpen, wie es sich gehörte.

Ich lernte an diesem Tag, dass man eine Hündin kurz vor dem Geburtstermin nicht mehr groß mitnehmen sollte und dass durch das Quieken des Welpen der Instinkt der Mutter sozusagen wachgerüttelt wird. Die Hündin brachte an diesem Tag drei gesunde Welpen zur Welt, die sie auch erfolgreich großzog.

Unterstützung bei der Geburt

Hündinnen, die zum ersten Mal werfen, reagieren manchmal etwas schockiert auf ihren Nachwuchs. Das Beste dabei ist, den Welpen krabbeln und vor allen Dingen jammern zu lassen. Auf dieses Fiepen reagiert die Hündin und ihre Instinkte werden munter. Sie beginnt den Welpen zu putzen und zu säubern, auch herumzustoßen. Dadurch wird der Welpe angehalten, sich zu bewegen und zu atmen. Der Kreislauf kommt in Gang, was für den Kleinen lebenswichtig ist.

Während der Geburt eines Welpen ist darauf zu achten, dass die Hündin den Kopf des Welpen von der Eihaut befreit. Nichts ist trauriger, als wenn die Hündin ihren Welpen zwar putzt und abnabelt, aber es nicht schafft, den Kopf sauber zu lecken. Dadurch bekommt der Welpe keine Luft und erstickt vor den ersten Atemzügen.

Manche Hündinnen nabeln den Welpen zu weit ab und reißen die Bauchdecke mit auf. Das passiert meist dann, wenn die Nabelschnur zu lang ist. Haben Sie Bedenken, dann schneiden Sie mit der Nagelschere die Nabelschnur etwas weiter unten ab, dann hat die Hündin keine Angriffsfläche mehr.

Manche Hündinnen fressen auch die Nachgeburt nicht restlos auf. Die kann man dann mit einem Taschentuch wegräumen. Es ist aber wichtig, dass die Hündin zumindest einen Teil der Nachgeburt frisst, denn die Inhaltsstoffe regen die Milchproduktion an. Es wäre also verkehrt, die Hündin daran zu hindern, diese manchmal etwas widerlichen Teile zu fressen, obwohl es ganz normal ist.

Eine werfende Hündin ist auch eifrig darum bemüht, ihre Welpen zu lecken. Sie reagiert auf deren Fiepen und dreht sich auch siebzehn Mal im Kreis, um sich rund um die Welpen legen zu können.

Eine Geburt kann relativ schnell vorbei sein, sie kann aber auch mehrere Stunden dauern. Bei uns dauerte die Geburt von sieben Welpen mal nur drei Stunden, aber wir haben auch schon auf fünf Welpen den ganzen Tag gewartet.

Die Hündin verliert während der Geburt Fruchtwasser und Blut, wobei die Menge unterschiedlich sein kann. Diese Geburtsflüssigkeit riecht streng, aber sie stinkt nicht. Eine Hündin ist am Hinterteil auch meist blutig, eventuell auch etwas grünlich. Im Allgemeinen verschwindet das von selbst. Eine Hündin nach der Geburt zu baden, ist dagegen das Verkehrteste, was man machen kann. Sie verliert dabei ihren spezifischen Geruch und die Welpen erkennen sie nicht mehr als ihre Mutter.

> *Welpen werden blind und taub geboren. Das Einzige, was funktioniert, ist deren Geruchsinn. Damit suchen sie die Mutter und auch ihr Gesäuge. Ist der Geruch nun anders, kann es passieren, dass sie die Mutter ablehnen. Waschen Sie deshalb nie die Hündin nach der Geburt.*

Wenn die Milchbar geöffnet hat, kann es schon mal sein, dass man vor Erschöpfung einschläft.

Wenn die Decke sehr beschmutzt ist, kann man diese auch während der Geburt wechseln. Das macht weder den Welpen noch der Mama etwas aus. Dauert die Geburt lange, sollte man zwischendurch mit der Hündin nach draußen gehen. Viele Hündinnen müssen pinkeln, melden sich aber nicht, da sie viel zu beschäftigt sind. Nehmen Sie die Hündin, gehen Sie mit ihr in den Garten und marschieren Sie ein paar Schritte mit ihr, damit sie sich bewegt. Sobald sie gepinkelt hat, will sie sowieso schnellstens wieder zu ihren Welpen.

Meist ist die Geburt dann beendet, wenn sich die Hündin um ihre Welpen rollt, diese vielleicht sogar schon an den Zitzen saugen und sichtlich Ruhe einkehrt. Jetzt können Sie die Hündin getrost allein lassen. Wir geben den Hündinnen gern etwas warme Milch

direkt vor die Nase, damit sie die Welpen nicht verlassen muss. Die meisten Hundemamas nehmen das mit Begeisterung an.

Was man in den ersten drei Tagen kontrollieren sollte, ist, ob die Nabelschnur abtrocknet und abfällt, welches Geschlecht die Welpen haben und ob sie Wolfskrallen an den Hinterläufen haben. Diese Kralle sollte in den ersten drei Tagen vom Tierarzt entfernt werden, dann bereitet sie dem Hund später nie Sorgen in Form von Verletzungen. Jetzt hängt die Kralle nur an einem dünnen Häutchen und der Tierarzt kann sie mit einem kleinen Schnitt entfernen, der nach wenigen Tagen abgeheilt ist.

Wenn Sie wirklich helfen müssen

Es kam bisher zum Glück selten vor, aber es gab Situationen, in denen es ganz gut war, dass wir mit helfender Hand zur Stelle waren.

Zuerst kontrollieren wir bei einem neugeborenen Welpen, ob er atmet. Bewegt er sich nicht und bewegen sich das Maul und der Brustkorb nicht, ist der Welpe vermutlich schon verendet.

Wurde er gerade geboren und atmet gurgelnd oder sehr schwer, stecken wir ihm schon mal den Finger in das Mäulchen und drücken die Zunge runter. Offenbar reagieren die Welpen darauf, denn oft schlucken sie ab und fangen an zu atmen.

Manchmal bemerken wir auch, dass der Welpen so gar nicht recht atmen will. Dann massieren wir ihn im Handtuch und drücken immer mal wieder mit den Fin-

gern gegen den Brustkorb. Alles an einem Welpen ist weich, man kann ihm kaum weh tun. Manche Welpen schnappen erst auf diese Sofortmaßnahmen nach Luft. Sobald der Kleine dann quiekt, ist alles in Ordnung. Holt er nur stoßweise Luft, gilt es, ihn zu beobachten.

Schwache Welpen oder Welpen, die sterben

Auch das kommt immer wieder mal vor: Welpen, die tot auf die Welt kommen, die die ersten Stunden nicht überleben oder die so schwach sind, dass sie den Weg zum Gesäuge nicht finden.

Die Hündin holt sich diese Welpen nicht, um sie zu säugen, das muss der Welpe selbst schaffen. Liegt er kalt in einer Ecke, kann man versuchen, ihn bei der Mutterhündin anzulegen, die ihn mit ihrem Körper wärmt. Meist bewegt sich aber die Hündin immer wieder. Während es gesunde Welpen dann zu ihrer Milchbar schaffen, bleibt der schwache Welpen wieder zurück.

Man ist geneigt, ihn nun mit Welpenmilch großziehen zu wollen, was aber nur in den seltensten Fällen gelingt. Welpen brauchen die erste Milch der Mutter, das Kolostrum, denn diese enthält Vitamine und Antikörper, die den Welpen schützen. Bekommt er diese nicht, stehen die Chancen mehr als schlecht.

Welpen in dem Alter mit der Flasche zu füttern, funktioniert meistens nicht, da die Welpen entweder nicht schlucken können oder nicht schlucken wollen und dann die Flüssigkeit in die Lunge läuft. Meist merkt

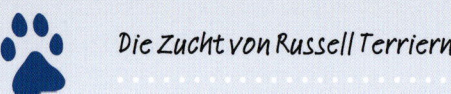

Nach den ersten zwei Wochen sind die größten Hürden genommen und die Welpen entwickeln sich prächtig.

man selbst davon nichts, aber der Welpen wird immer schwächer und schwächer und stirbt.

Auch wir haben bereits versucht, Welpen mit der Flasche aufzuziehen, haben sogar eine Hündin gemolken, um ihm die hauseigene Milch zu geben. Es hat alles nichts gebracht. Wir konnten bis dato noch keinen Welpen großziehen, der nur wenige Stunden oder Tage alt war. Haben die Welpen aber die ersten 14 Tage überstanden, dann sieht alles sehr viel besser aus. Sie bekommen genug Milch, kämpfen sich bis zur Milchbar durch und scheinen leben zu wollen.

Es gibt meistens einen Grund, warum Welpen schwach sind, häufig lässt sich das aber nicht sofort feststellen. Schafft man es vielleicht doch irgendwie, den Welpen großzubekommen, wird man später bemerken, warum er so schwach war. So ein Hund lässt sich meist nicht verkaufen, da er irgendeinen Fehler hat. Und wer möchte schon einen Hund, mit einem gesundheitlichen Problem?

Wir glauben, dass die Natur einen Grund hat, warum sie manche Welpen nicht groß werden lässt, und lassen der Natur dahingehend ihren Lauf. Das ist zwar traurig, aber oft nicht zu ändern.

Hat ein Welpe offensichtlich eine Behinderung, stellt sich dann die Frage, ob man diesen Welpen großziehen möchte. Wir hatten bisher noch keine Behinderungen bei Welpen, aber es soll sie geben. Wir glauben, dass es für Welpen, die zum Beispiel gelähmt sind oder körperliche Deformierungen haben, besser ist, sie nicht aufzuziehen, sondern durch einen Tierarzt einschläfern zu lassen. Die Entscheidung tragen jedoch einzig und allein Sie.

Es kommt auch immer wieder mal vor, dass ein oder mehrere Welpen tot zur Welt kommen. Oder es sterben Welpen ganz plötzlich, über Nacht, und man weiß eigentlich nicht, warum. Auch das wird man akzeptieren müssen. Es ist zwar tragisch, aber man muss lernen, damit umzugehen.

Kaiserschnitt

Wir züchten jetzt seit über zehn Jahren mit mehreren Hündinnen, doch bisher blieb uns das Abenteuer Kaiserschnitt erspart, deshalb kann ich nur das wiedergeben, was mir von Züchterkollegen so erzählt worden ist.

Grundsätzlich kann man sagen, ist die Gefahr eines Kaiserschnittes am größten, wenn eine Russell-Hündin sehr klein und zart gebaut ist und die Welpen daher nicht durch den Geburtskanal passen.

Wir haben gefragt, ob es gewisse Voranzeichen gibt, dass ein Kaiserschnitt nötig wird. Die Aussagen waren sehr unterschiedlich.

Sollte eine Hündin über Stunden erfolglos pressen, dabei schon jammern und ein übel riechendes Sekret ausscheiden, dann ist es Zeit für einen Kaiserschnitt. Diese deutlichen Anzeichen sind aber eher selten. Meist bemerkt man, dass die Hündin in Wehen liegt, presst und presst, aber es geht über Stunden nichts

weiter. Ein Tierarzt kann überprüfen, ob der Geburtskanal frei ist. Wenn das der Fall ist und die Hündin nicht sonderlich aufgeregt ist und entspannt aussieht, dann kann man dem Geburtsvorgang ruhig noch etwas Zeit geben.

Nachdem ich sehr viele verschiedene Aussagen gehört habe, vermute ich auch, dass öfter ein Kaiserschnitt gemacht wurde, obwohl es nicht nötig gewesen wäre. Die Hündin hätte einfach noch etwas Zeit gebraucht. Hin und wieder war er, laut Aussagen, aber angebracht, da ein Welpe den Geburtskanal verstopfte, einen Wasserkopf hatte oder sich verdreht hatte.

dauerte. Nach zwei Stunden heftiger Wehentätigkeit bekam sie innerhalb von fünf Minuten zwei Welpen. Quiekend und strampelnd eroberten sie die Welt. Vermutlich hatten sich die beiden Buben darum gestritten, wer zuerst durfte und deshalb hatte es so lange gedauert. Jedenfalls bekam diese Hündin sechs gesunde Welpen ohne Kaiserschnitt.

Es ist aber zumindest nicht verkehrt, den Tierarzt seines Vertrauens zurate zu ziehen beziehungsweise ihn zu fragen, ob er schnell abrufbar ist, sollte etwas schief gehen.

Meine Mutter, die die Wache über eine schon in Wehen befindliche Mutterhündin von mir hatte, war nahe dran schon zum Tierarzt zu fahren, da ich unterwegs war. Ich bat sie, noch etwas zu warten, trat das Gaspedal durch und fuhr, vermutlich viel zu schnell, nach Hause.

Ich packte die Hündin erst mal in ein separates Zimmer, da sie sich die Küche zum Werfen ausgesucht hatte und ich der Meinung war, dass da zu viel Wirbel herrschte. Die Hündin wirkte normal, sah nicht beunruhigt aus, war aber sichtlich froh, dass ich bei ihr war.

Ja, man sah das Pressen deutlich und man merkte, dass sich etwas tat. Aber es dauerte und dauerte und

Die ersten Tage danach

Hundemütter sind in den ersten Tagen nach der Geburt sehr um ihre Welpen bemüht. Sie wollen nicht aus der Wurfkiste raus, kommen nicht zum Fressen, trinken kaum etwas und werden auch manchmal etwas bis sehr unrein.

Vergessen Sie, wie Ihre Hündin vorher war. Jetzt ist alles anders. Das „Vorher" kehrt erst später wieder ein.

In den ersten paar Tagen nach der Geburt müssen wir unsere Hündin mit Nachdruck bitten hinauszugehen. Wir machen keine Spaziergänge, sondern warten lediglich, bis sie sich gelöst hat, und lassen sie sofort wieder zu ihren Welpen.

Hündinnen verlieren nach der Geburt Blut, das hellrot bis dunkelrot und schleimig sein kann. Das ist völlig normal und verschwindet nach einiger Zeit wieder. Lediglich der Teppich könnte etwas leiden, wenn die dunkelroten Blutstropfen darauf landen. Manche Hündinnen bluten schon nach 14 Tagen nicht mehr, manche bluten, bis sie zu säugen aufgehört haben. Wird Ihre Hündin unrein, dann hilft es, gerade in der Nacht, die Box zu verschließen und daran zu denken, die Hündin oft genug rauszulassen. Schimpfen hilft überhaupt nicht, denn die Hündin hat den extremen Drang, bei ihren Welpen bleiben zu wollen.

Allerdings ist es lästig, wenn sie nur noch vor die Wurfkiste pinkelt und dort auch ihre Haufen absetzt. Manche Hündinnen entleeren sich sogar in der Wurfkiste und fressen ihre Hinterlassenschaft vollständig auf.

Auch wir finden das widerlich, meckern natürlich, versuchen aber durch häufiges Hinausgehen dem entgegenzusteuern. Meist lässt das mit der Unreinheit wieder nach, wenn die Welpen älter werden. Hat man eine Hündin, die gar nicht mehr sauber werden will, empfiehlt sich die Unterbringung in einem Raum mit einem Boden, der gut zu reinigen ist.

Selbst zur Fütterungszeit hat die Hündin in den ersten Tagen keine Zeit. Kaum hat sie ein paar Bissen gefressen, saust sie auch schon wieder zu ihren Welpen. Wir haben natürlich das gemacht, was man logischerweise machen würde, nämlich das Futter in die Wurfkiste gestellt. Natürlich hat Madame gefressen, mit dem Resultat, dass sie gar nicht mehr aus der Wurfkiste hinauswollte.

Man kann in den ersten Tagen die Hündin etwas verwöhnen und ihr auch das Futter in der Wurfkiste geben. Doch wenn sie nach einer Woche noch immer nicht raus will, sich das Futter weiter servieren lässt und vielleicht noch Wasser aus dem Glas möchte, dann wird es Zeit, etwas zu unternehmen. Es ist für die Mutterhündin nicht gut, wenn sie sich gar nicht bewegt und nicht an die frische Luft kommt.

Wenn sie Hunger hat – und sie wird Hunger bekommen, wenn sie mehrere Welpen säugt – dann wird sie auch zur gewohnten Futterzeit kommen. Wenn nicht, warten Sie einfach mal ab. Sie wird kommen und etwas Fressbares verlangen.

Säugende Hündinnen gehören ab der 1. Lebenswoche der Welpen zweimal am Tag gefüttert, und zwar mit einem Futter, das ihr keine Flüssigkeit entzieht und das ihr besonders gut schmeckt. Verfüttern Sie bitte kein Trockenfutter an die Hündin. Sie braucht genug Flüssigkeit für die Milch, hat sowieso Durst genug und das Trockenfutter würde ihr noch mehr Flüssigkeit entziehen.

Seien Sie erfinderisch. Frisches Fleisch, gekochtes Hühnchen, ein gutes Nassfutter, vermischt mit Reis, Nudeln, Gemüse, Haferflocken, hin und wieder etwas Salz, ab und an ein Ei, und Ihre Hündin erhält alles, was sie braucht. Unsere Hündinnen fressen in der Säugezeit nahezu alles und nehmen auch eingeweichte Hundeflocken, die wir mit Nassfutter oder mit et-

Das Säugen kostet viel Kraft und Energie. Daher muss eine Mutterhündin besonders reichlich und nahrhaft gefüttert werden.

was Gekochtem mischen, dankbar an. Frische Rindersuppe steht auch hoch im Kurs. Nie hätten meine Hündinnen die Karottenscheiben in der Rindsuppe gefressen. Während sie säugen, tun sie es. Sind die Welpen erst mal eine Woche oder auch schon ein paar Tage älter, will die Hündin auch schon mehr raus. Sie möchte wieder an Spaziergängen teilnehmen, sich bewegen, spielen und lässt ihre Welpen schon mal ein bis zwei Stunden allein. Das ist in Ordnung und das darf sie auch, denn hinterher ist das

Gesäuge wieder voll und die Welpen kommen zu einer richtig guten Mahlzeit. Während der Abwesenheit der Mutterhündin schlafen die Welpen, reagieren aber sofort, wenn sie wiederkommt.

Sie werden merken, wie schnell die Tage verstreichen und wie sich das Verhalten Ihrer Hündin von Tag zu Tag ändert. Die Zeit der Aufzucht ist mit Sicherheit ebenso spannend wie die Zeit des Wartens, bis es endlich losgeht.

Die Aggressivität einer Mutterhündin

Ich sagte bereits, dass eine Hündin, die Welpen hat, nicht mehr mit der Hündin zu vergleichen ist, die sie vorher mal war. Säugende Hündinnen sind manchmal richtige Mistbienen, wachsam, aggressiv und böse. Dabei wollen sie nur eines: ihren Wurf beschützen. In den ersten Tagen werden sie auch biestig den Tieren gegenüber sein, die mit in der Familie leben. Das kann ein anderer Hund, eine Katze oder auch ein frei laufendes Kaninchen sein. Nicht selten will die Hündin ihre Welpen auch vor den kleinen Kindern in der Familie beschützen. Verwandtschaft wird gnadenlos angeknurrt.

Nehmen Sie bitte das Knurren, das extrem böse Schauen und den Wunsch, ihren Wurf zu verteidigen, absolut ernst. Säugende Hündinnen, auch wenn sie vorher noch so brav und verträglich waren, können beißen, wenn es um ihre Kinder geht. Da wird selbst der bravste Russell zum Tiger.

Kommen in dieser Zeit Interessenten, um den Wurf anzusehen, dann sperren Sie bitte die Mutterhündin aus Sicherheitsgründen weg. Denn die Hündin will ihren Wurf beschützen, unter allen Umständen gegen alles und jeden.

Oft werden auch kleine Kinder, die die Hündin eigentlich kennt, angeknurrt. Die Hündin weiß zwar, dass das Kleinkinder sind, trotzdem meint sie, dass der Wurf in Gefahr sein könnte. Deshalb könnte es durchaus sein, dass auch Kleinkinder vom eigenen Hund gebissen werden. Das ist auf alle Fälle zu verhindern. Noch ein Grund, warum die Transportbox als Wurfkiste so vorteilhaft ist: Man kann die Tür verschließen. Natürlich gibt es auch Hündinnen, denen das egal ist; ich würde mich allerdings nicht darauf verlassen. Nehmen Sie einfach den Schutzinstinkt der Hündin ernst. Wenn Sie ein wenig aufpassen, kann nichts passieren. Uns gegenüber sind unsere Hündinnen immer sehr lieb und nett. Sie vertrauen uns. Nur in die Box darf absolut kein Fremder reingreifen.

Diese Aggressivität ebbt ab, sobald die Welpen größer werden und verschwindet, wenn die Welpen abgegeben sind. Manche Hündinnen werden auch schon wieder verträglicher, sobald die Welpen nicht mehr so oft saugen und viel draußen herumhopsen. Dennoch gilt nach wie vor Vorsicht. Alle Mütter beschützen ihre Kinder und Hunde machen das auch – und unsere mutigen Russells bilden da keine Ausnahme.

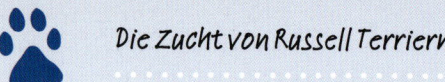

Das Kontaktliegen ist für Welpen ganz wichtig. Dann geht es ihnen richtig gut.

Die Welpen wachsen heran

Manche Züchter wiegen und nummerieren ihre Welpen in der Reihenfolge, in der sie auf die Welt gekommen sind. Wir wiegen nur Welpen, die zu klein geraten sind, oder wenn entwurmt werden muss, damit man weiß, wie viel sie von dem Mittel erhalten müssen. Auch die Reihenfolge der Geburt ist für uns zweitrangig. Wichtig für uns ist, dass sich alle gut entwickeln. Denn es stimmt nicht, dass der Erstgeborene zwangsläufig der Größte ist, und der Letztgeborene der Kleinste. Die Größe wird genetisch bestimmt und steht schon fest, bevor der Hund geboren ist.

Die ersten Wochen

Um den 14. Lebenstag beginnen die Welpen, die Augen zu öffnen – die einen etwas schneller, die anderen langsamer. Erst hinterher öffnen sich auch die Gehörgänge, sodass die Welpen hören können.

Zwischen der 2. und 3. Lebenswoche sollten die Welpen zum ersten Mal entwurmt werden. Dazu eignet sich ein flüssiges Wurmmittel, dass man den Welpen mit einer Spritze (ohne Kanüle!) ins Maul geben kann. Sie mögen es meist nicht, deshalb sollte man aufpassen, dass sie auch wirklich alles verschlucken.

In diesem Zusammenhang kann man ihnen auch die Krallen schneiden. Die Krallen sind zu diesem Zeitpunkt relativ lang und beim Milchtritt kratzen die Welpen über den Bauch der Hündin. Das kann für die Hündin sehr schmerzhaft sein, oft entstehen auch

Rötungen. So eine Hündin will ihre Welpen nicht mehr richtig säugen und verhält sich unruhig.

So ungefähr ab der 3. Lebenswoche werden die Welpen aktiv. Sie können schon bellen und knurren und sie versuchen herumzulaufen. Das sieht alles noch recht wackelig aus. Die Welpen ermüden schnell und legen sich nach kurzen Spaziergängen gleich wieder schlafen.

Während der gesamten Zeit kann man das Kontaktliegen deutlich beobachten. Welpen suchen intensiv den Kontakt zu ihren Geschwistern. Liegen sie allein, beginnen sie zu suchen, finden sie niemanden, versucht man es mit Jammern, auch zartes Heulen haben wir schon gehört. Meist liegt der gesamte Haufen dann eng zusammen, was Wärme, Nähe und Sicherheit gibt.

Die 4. Woche

Ab der 4. Lebenswoche geht es dann schon lustiger zu. Die Welpen werden aktiver, sie versuchen herumzuspringen, sie beginnen zu spielen und haben schon kleine spitze Zähne, die sie auch ausprobieren wollen. Das lustige Spielen der Welpen ersetzt eigentlich jedes Fernsehprogramm. Die Welpen knurren, zeigen dann und wann versuchsweise ihre spitzen Milchzähne, bellen, versuchen schneller zu laufen, als sie können, springen, spielen und toben.

In jedem größeren Wurf gibt es ein Nesthäkchen. Ein Knirps und eine Knirpsin, die einfach nicht aus der Wurfbox raus wollen und sofort wieder den Weg ins

Innere suchen, wenn man sie herausgeholt hat. Nur keine Sorge, diese Welpen brauchen einfach etwas länger als die anderen und wollen sich noch nicht dem Schutz der Mutter entziehen.

Ab der 4. Lebenswoche kann man auch beginnen, die Welpen zuzufüttern. Wir nehmen dabei einen ganz flachen Welpenteller. Blumenuntertassen eignen sich zum Beispiel hervorragend als Welpenteller.

Man glaubt es kaum: Aber hierbei handelt es sich um Bruder und Schwester.

Die erste Nahrung ist ein gutes, zermatschtes Nassfutter. Trockenfutter, auch wenn es noch so klein ist, können sie noch nicht richtig schlucken und lecken nur daran herum. Außerdem riecht das Nassfutter verführerischer als Trockenfutter, was zum Fressen animiert.

> **Wichtig!**
> *Füttern Sie die Welpen nicht vor der 4. Lebenswoche, da bis zu diesem Zeitpunkt die Verdauungsorgane noch keine feste Nahrung verarbeiten können. Erst ab der 4. Lebenswoche funktioniert das allmählich. Auch die Muttermilch hilft dabei. Welpen, die vor der 4. Lebenswoche zugefüttert werden, fressen zwar, können aber schweren Durchfall bekommen, da sie mit der angebotenen Nahrung noch nicht klarkommen.*

Auch der Umgang der Hündin mit ihren Welpen wird immer lockerer. Sie klebt nicht mehr ständig bei ihnen, verschwindet schon mal für längere Zeit, ist nicht mehr so nervös, sondern eigentlich nur noch damit beschäftigt, die Hinterlassenschaften ihrer Welpen zu fressen.

Es heißt, dass Hundemütter aufhören, die kleinen Haufen ihrer Kinder zu fressen, sobald diese feste Nahrung zu sich nehmen. Das konnten wir nicht beobachten. Sehr wohl wissen wir aber, dass verschiedene Hündinnen es mit der Sauberkeit recht unterschiedlich handhaben.

Während die einen immer damit beschäftigt sind, alles sauber zu halten und ständig den Po ihres Nachwuchses zu waschen, nehmen das andere nicht so genau. Die Decke in der Wurfkiste wird verschmiert und auch die kleinen Würstchen, die am Boden liegen, bleiben großzügig liegen. Wir haben Hündinnen, die den Kot ihrer Welpen auch noch fressen, wenn sie entwöhnt sind, und wir haben auch Hündinnen, die nehmen es nicht mehr sehr genau, sobald die Welpen beginnen, die Box zu verlassen. Ehrlich gesagt sind mir die sauberen Mütter lieber als jene, die nur draußen sind und sich kaum noch um ihren Wurf kümmern.

Die 5. Woche

Ab der 5. Lebenswoche werden die Welpen richtig munter, immer frecher und aktiver. Sie fressen schon besser, sodass man bereits beginnen kann, aufgeweichtes Trockenfutter mit dem Nassfutter zu vermischen. Wir verfüttern aber das Trockenfutter nicht trocken, da es den Welpen zu viel Flüssigkeit entzieht. Trockenfutter wird bei uns aufgeweicht, meist in warmem Wasser, hin und wieder auch in warmer Milch. Die Hündin braucht auch jetzt Unmengen an Futter. Unsere Russell-Mamas fressen während der Säugezeit das Dreifache von dem, was sie normal fressen. Gefüttert wird morgens und abends, immer aufgeweicht und immer schmackhaft. Säugende Hündinnen

Ab der 4. Lebenswoche dürfen die Welpen langsam schon mit fester Nahrung gefüttert werden.

sind sehr verfressen und fangen zuweilen auch an zu stehlen. Wie gesagt, egal wie brav die Hündin auch gewesen ist – während sie Welpen hat, ist alles anders.

Wir füttern die Welpen zweimal am Tag. Im Allgemeinen reicht das aus, denn sie bekommen noch Milch von der Mutter und oft übersieht man es, wenn ihnen die Hündin ihre eigene Nahrung aus dem Magen vorwürgt. Mit Heißhunger stürzen sich die Welpen über dieses vorgewürgte, eingeschleimte Futter, als hätten sie seit Wochen nichts gefressen. Es ist gut, auch gesund, aber nicht notwendig. Die Hündin wird gut gefüttert, die Welpen auch, aber es liegt eben in der Natur der Hündin, ihren Welpen Futter hervorzuwürgen. Wenn wir merken, dass die Hündin, die zu diesem Zeitpunkt sowieso nicht mehr rund, dick und fett ist, zu viel Futter hochwürgt, obwohl sie das Futter für sich selbst nötiger hätte, dann versuchen wir, das Erbrechen von Futter zu unterbinden, indem wir die Hündin nach dem Füttern nicht mehr zu den Welpen lassen, die natürlich auch gefüttert sein müssen. Wenn die Welpen einen kugelrunden, dicken Bauch haben, brauchen sie mit Sicherheit kein Futter mehr von der Hündin. Deshalb kann man beide ruhig für einen gewissen Zeitraum voneinander trennen.

Oft beginnt die Mutterhündin ab der 5. Woche, ihre Welpen anzuknurren und verhindert das Säugen – ein sicheres Zeichen, dass die Welpen bereits zubeißen und nicht nur saugen. Die Hündin empfindet das schmerzhaft und geht dann den Welpen aus dem Weg.

Das ist völlig normal. Wenn das Gesäuge voll wird, dann wird sie sich wieder bei ihren Welpen einfinden, um ihnen die Milch zu geben, die im Busen drückt.

Die 6. Woche

Ab der 6. Woche geht es unter den Welpen schon heiß her. Sie düsen recht wichtig durch die Gegend und versuchen, alles Mögliche anzubeißen und auch kaputt zu machen. Normalerweise sind sie zu dieser Zeit auch schon sauber und beschmutzen die Wurfkiste nicht mehr. Nun suchen sie sich ihre Toiletten selbst und der Schmutz, den sie hinterlassen, kann schon interessante Dimensionen annehmen.

Ab der 6. Woche beginnen wir auch, die Hündin immer mehr von den Welpen zu trennen.

Jenen, denen das sehr früh erscheint, sollten bitte Folgendes bedenken: Sehr viele Welpen werden bereits mit der 8. Woche abgegeben. Bis dahin sollten sie vollständig entwöhnt sein und selbstständig fressen, damit der Stress der Umstellung nicht zu groß wird. Würde man sie bis zur 8. Woche ständig bei der Hündin lassen, hätten sie die Trennung zur Mama, die Trennung von der Milch und die neue Umgebung zu verkraften. So haben sie die ersten beiden Trennungen schon überstanden.

Ein weiterer wichtiger Faktor ist die komplette Entwöhnung von der Muttermilch. Die meisten Welpen bekommen über die ersten Tage, wenn sie keine Muttermilch mehr erhalten, weichen Stuhlgang oder auch schon mal leichten Durchfall. Das hat damit zu tun,

dass die Muttermilch immer noch gewisse Stoffe enthält, welche die Verdauung erleichtern, die der Welpe aber jetzt selbst produzieren muss. Das dauert ein paar Tage.

Manche Welpen bekommen auch etwas heftigeren Durchfall. Wenn etwas Salz im Futter nicht hilft, kann man sich derselben Mittel bedienen, die man bei Säuglingen und Kleinkindern verwendet: Milchsäurebakterien zur Stabilisierung der Darmfunktion. Diese Durchfallprodukte sind in der Apotheke erhältlich. Es kommt allerdings recht selten vor, dass man sie anwenden muss.

Wir sind der Meinung, dass es besser ist, wenn der Welpe diese Umstellungsprobleme bei uns bekommt als bei seinem neuen Besitzer. Wir kennen den Grund und wissen damit umzugehen. Der frisch gebackene Welpenkäufer vermutet vielleicht eine ernsthafte Krankheit, geht mit dem Welpen zum Tierarzt, der eventuell Medikamente verschreibt, die der Welpe erst recht nicht verträgt, und damit beginnt ein Teufelskreis, der nicht sein muss.

Ein weiterer Grund, warum wir die Welpen schon in der 6. Woche langsam beginnen zu entwöhnen, gilt dem Schutz der Hündin. Welpen in diesem Alter und auch später saugen nicht nur, sondern beißen in die Zitzen und ziehen diese mitsamt Gesäuge in die Länge. Hündinnen, die jetzt nur noch im Stehen säugen, können sich kaum helfen. Ist die Hündin dann noch mit ihren Welpen zusammengesperrt und hat sie keine Möglichkeit, ihnen auszuweichen, führt sie ein

schrecklich hartes Mutterleben. Das sind meist dann Hündinnen, deren Gesäuge sich nicht mehr richtig zurückbildet, deren Zitzen übel zerbissen aussehen und sich schlecht regenerieren und die irgendwann richtig ausgemergelt aussehen.

Normalerweise bildet sich das Gesäuge vollständig zurück. Lediglich die Zitzen bleiben etwas vergrößert, was man aber manchmal nicht wirklich bemerkt. Sorgt man sich nicht nur um die Welpen, sondern auch um die Hündin, wird man eine Zuchthündin haben, die auch schon in die Jahre gekommen ein schönes Gesäuge hat, das nicht hängt und nicht zerbissen aussieht.

Das heißt, ab der 6. Woche gehen wir Schritt für Schritt dazu über, die Mutterhündin immer weniger zu ihren Welpen zu lassen. Normalerweise hat die Hündin auch kein Problem damit. Sie will nur mit Nachdruck zu ihren Welpen, wenn sie zu viel Milch im Gesäuge hat, was unangenehm ist. Der Hündin ergeht es nicht anders als uns Menschen, deshalb sollte die Milchproduktion Schritt für Schritt reduziert werden. Denn es kann durchaus sein, dass Sie ihre Welpen zwischen der 8. und 9. Woche alle abgegeben haben. Wenn die Welpen dann noch nicht entwöhnt waren, würde die Hündin immer noch Milch produzieren. Und was dann?

Die 7. und 8. Woche

Zwischen der 7. und der 8. Lebenswoche sollten die Welpen zum ersten Mal geimpft und mit einem Mikro-

Auch Heulen muss noch gelernt werden!

chip versehen werden. Die Impfung schützt vor späteren Krankheiten und mit dem Chip lässt sich der Hund eindeutig identifizieren. Später wird dann die Chip-Nummer auf den neuen Hundebesitzer registriert.

In Österreich ist das Chippen aller Hunde seit dem 1. Januar 2010 vom Gesetzgeber aus vorgeschrieben. Über das Österreichische Haustierregister „animaldata" (www.animaldata.com) wird der Hund registriert und automatisch auch im behördlichen Haustierregister eingetragen. Diese Registrierung kann nur vom Tierarzt durchgeführt werden.
Auch in der Schweiz müssen alle Hunde durch einen Mikrochip gekennzeichnet sein.
In Deutschland ist das Chippen bisher nur in einigen Bundesländern vorgeschrieben. Wer aber mit seinem Hund innerhalb der EU reisen möchte, muss einen EU-Heimtierausweis besitzen und der Hund muss gechippt sein. Diese Vorschrift gilt sei dem 1. Juli 2011. Eine zentrale Datenbank, bei der alle gemeldet sind, gibt es aber noch nicht. Die meisten melden ihren Hund in Deutschland daher beim TASSO-Haustierzentralregister an (www.tasso.net).

Sobald nun die Welpen geimpft und gechippt sind, die Impfung gut vertragen haben, zumindest schon einen Rosenstock ermordet, einen Gartenschlauch zerbissen und einen Teppich zerstückelt haben, sind sie reif für die Abgabe. Es wird Zeit sich, von seinen Hundekindern zu trennen.

Der Sinn des Chips

Der Chip ist Reiskorngroß und beinhaltet eine einmal vergebene, 15-stellige Nummer, die mit einem Lesegerät abgerufen werden kann. Diese Nummer wird in einem Haustierregister registriert. www.petmaxx.at ist eine Suchmaschine, die alle Haustierregister der Welt absucht und sofort meldet, wenn es die Nummer gefunden hat, die Sie eingegeben haben. Mit Ihren registrierten Daten kann ein entlaufenes Tier dem Besitzer zugeordnet werden. Sinn des Chips ist, entlaufene Tiere ihrem Besitzer zurückbringen zu können und dem Einhalt zu gebieten, dass Menschen ihre Tiere einfach aussetzen.

Aggressionen unter Welpen

Ein Welpe ist süß und hilflos und bedarf unseres gesamten Schutzes. Welpen tun sich untereinander nichts, es sind ja noch Babys. Sind sie auch dieser Meinung? Ich war das auch, bis ich einst fast einen Welpen verlor, der von seinem Wurfbruder gebissen wurde.
Ich dachte auch immer, dass sich Welpen untereinander wunderbar vertragen. Dass es vielleicht mal Zankereien an der Futterschüssen gibt, ist klar, die sollten aber harmlos verlaufen. Im Großen und Ganzen ist das auch so. Welpen spielen, raufen, knurren, bellen, kreischen, quietschen. Sie müssen erst lernen, wie

Hunde untereinander kommunizieren. Das ist ihnen nicht angeboren. Deshalb versuchen sie, mit Spielereien und Raufereien und den dazu gehörenden Geräuschen herauszufinden, was gut ist und was eher schlecht ist. Allerdings kann es passieren, dass von heute auf morgen zwei Welpen aneinandergeraten und dieser Streit völlig ausufert.

Wir hatten einen Wurf von sieben Welpen. Sie waren alle stramm gewachsen und rotzlümmelfrech, wie eben Russell Terrier so sind. Eines Tages jedoch wurde ich von intensivem Welpengebell alarmiert. Das war anders als jedes andere Gebell und ich schaute hinaus in unser eingezäuntes Gehege, wo sich die Welpen aufhielten, um zu sehen, warum die gesamte Horde lautstark keifte. Und ich traute meinen Augen kaum. Zwei Welpen waren aneinandergeraten und hatten sich ineinander verbissen. Sie waren gerade mal sechs Wochen alt.

Beide bluteten bereits aus mehreren Wunden und es war mir klar, dass das kein Zickenkrieg war, sondern dass es da absolut hart herging.

Rings um die Kontrahenten hatten sich die anderen Welpen versammelt und bellten, was das Zeug hielt, als ob sie die beiden Kämpfenden anfeuern wollten. Der Lärm war ohrenbetäubend. Ich stürmte in den Auslauf, schnappte die beiden Welpen am Schlafittchen, musste warten, bis jeder den anderen losgelassen hatte, und schüttelte beide heftig durch. Als ich sie auf den Boden setzen wollte, gingen sie sofort wieder aufeinander los. Ja, das gab es doch gar nicht!

Mir blieb also nichts anders übrig, als denjenigen mitzunehmen, den ich für den Unterlegenen hielt, und separierte ihn von den anderen.

Beide Welpen erhielten ein Bad und ich sah mir die Bissverletzungen durch die spitzen Milchzähne an. Die waren ganz ordentlich. Der eine hatte einen fetten Bluterguss am Bauch und lauter kleine Bissspuren, aus denen er blutete, eine dicke Pfote und sah ziemlich lädiert aus. Der andere war um die Schnauze zerbissen, hatte ein gelochtes Ohr und einen heftigen Biss am Hinterlauf, wodurch er auch leicht humpelte.

Die Welpen wurden getrennt gehalten und es verheilte alles, ohne Spuren zu hinterlassen. Aber ich machte mir ernsthafte Gedanken darüber, warum das passieren konnte. Warum stritten sich die Welpen derart heftig? Ich war überzeugt davon, dass sich die Brüder getötet hätten, wenn ich nicht dazwischen gegangen wäre. Waren sie so hochgradig aggressiv? Hatte ich etwas falsch gemacht? Ich sprach mit Züchterkollegen darüber und die

konnten mir bestätigen, dass es so etwas gibt. Es kommt vor, dass zwei Welpen einfach nicht mehr miteinander wollen, und es zu eklatanten Raufereien kommen kann. Es ist dann auch kaum möglich, die beiden Welpen wieder miteinander zu vergesellschaften, da sie sofort erneut übereinander herfallen würden.

Mir wurde aber auch erklärt, dass diese Streithammel sich dann später in ihren Familien völlig normal entwickeln und nicht mehr oder weniger aggressiv sind als jeder andere Hund auch.

In weiterer Folge meiner Zucht beobachtete ich diese Streitereien immer mal wieder. Dabei war es egal, ob es sich um Mädchen oder um Jungs handelte. Auch Verschiedengeschlechtliche hatten sich manchmal zum Fressen gern. Für uns galt dabei nur eins: Trennen! Was wir bis dato nicht wirklich erklären können, warum Welpen übereinander herfallen und der Rest der Welpengruppe zu dem einen steht und zu dem anderen nicht. Dabei handelt es sich nicht etwa um einen schwachen oder kränklichen Hund gegenüber einem gesunden oder um einen kleineren und einen größeren. Die Raufereien entstehen von einer Minute auf die andere unter Tieren, die sich gut kennen.

Dass unter Welpen gestritten wird, ist normal. Dabei versuchen sie sich in Kraft und Stärke und lernen dabei, untereinander zu kommunizieren und dass es eine Schmerzgrenze gibt. Aber dass sie sich wie zwei Feinde bekämpfen, dafür habe ich keine Erklärung, wir wissen nur, dass es das gibt, wobei man sagen muss, dass es nur selten vorkommt und nicht die Regel ist.

Wir wissen aber auch, dass sich diese Tiere normal entwickeln und später völlig normal verhalten. Sie werden keine „Kampfhunde", wie man vermuten könnte.

Sollten Sie also in ihrem Wurf zwei Streithähne haben, dann trennen Sie die beiden. Die spitzen Milchzähne können schlimme Verletzungen verursachen, was nicht Sinn der Sache ist. Sehen sich die beiden Zankhammel nicht mehr, läuft das Familienleben normalerweise wieder sehr friedlich ab.

Jetzt werden wir bald umziehen. Wo wird die Reise hingehen?

Wenn die Welpen weg sind

Immer wieder fragen mich die Leute, ob die Hündin um ihre Welpen trauert, wenn sie verkauft werden, ob sie sie sucht und ob sie sie wiedererkennen würde, wenn sie später vorbeikommen. Diese Gedanken sind verständlich, sind sie doch menschlicher Natur.

Wenn Welpen verkauft sind und abgeholt werden sollen, spüren sie das. Sie benehmen sich auf einmal anders, fangen an, in den Armen ihrer neuen Besitzer zu zittern, oder versuchen zu verduften, bevor man sie mitnimmt. Manche nehmen es auch etwas gelassener hin, aber man merkt, dass die Welpen wissen, dass etwas anders ist.

Auch Hündinnen wissen das. Sie schauen zu, sie beobachten. Sie blicken hinterher, wenn der Welpe zum Auto getragen wird, und nehmen zur Kenntnis, dass nun einer weg ist. Sie können mich an dieser Stelle für verrückt halten, aber eine unserer Hündinnen geht nach jeder Abholung zu den restlichen Welpen, um „nachzuzählen". Als ob sie prüfen wollte, wer denn jetzt noch da ist und wer nicht.

Hündinnen verhalten sich sehr unterschiedlich, wenn uns Welpen verlassen. Manche interessiert es gar nicht, manche schauen dem Welpen nach, manche gehen eben „nachzählen" und manche dürften dem Gesichtsausdruck nach auch schon mal „Gott sei Dank" sagen. Wir haben wirkliche Trauer nie beobachtet, was wohl auch daran liegen mag, dass wir viele Russells haben und die Hündin immer noch ihre Fami-

lie hat. Ich könnte mir allerdings vorstellen, dass eine allein gehaltene Hündin sehr wohl um die Gesellschaft der Kleinen „trauert".

Kommen Welpen später als Erwachsene wieder vorbei, werden sie nicht mehr als „Kind" erkannt. Sie verhalten sich anders, riechen anders, benehmen sich vielleicht sogar recht frech. Dann sind sie für die Hündin und auch für den Rest der ehemaligen Familie ein Hund wie jeder andere auch. Entweder man mag ihn oder man mag ihn eben nicht.

Wir bemühen uns, die Welpen früh genug zu entwöhnen. Sollten dann wirklich viele Welpen innerhalb kürzester Zeit verkauft werden, hat die Hündin keine Probleme mit überschüssiger Milch. Viele Hündinnen wollen schon ab der 5. oder 6. Lebenswoche der Welpen diese nicht mehr wirklich säugen, da die Welpen es bereits schaffen, das Gesäuge stark zu verunstalten.

Somit ist auch gewährleistet, dass sich das Gesäuge wieder vollständig zurückbildet. Säugt die Hündin immer weniger, bis sie bis zur Welpenabgabe überhaupt nicht mehr säugt, hat ihr Körper Zeit, sich umzustellen und die Milchproduktion einzustellen. Irgendwann ist dann die Hündin „leer" (das Gesäuge fühlt sich leer an) und es bildet sich vollständig zurück, bis nur noch etwas vergrößerte Zitzen daran erinnern, dass sie Welpen gehabt hat.

Sind die Welpen entwöhnt und vielleicht auch schon weg, beginnt eine Hormonumstellung im Körper der Hündin, die man daran erkennt, dass sie vermehrt Fell

Die Hündin freut sich, wenn ihr Nachwuchs flügge geworden ist und sie wieder mit ausreiten darf.

verliert. Es wirkt stumpf und zerfressen und fällt manchmal büschelweise aus, sodass die Hündin nackte Stellen aufweist.

Das ist keine Krankheit, sondern normal und geht von allein wieder weg. Wir sagen dazu: „Die Hündin haart aus." Eine unserer rauhaarigen Hündinnen war an beiden Körperseiten nahezu komplett nackt. Sie sah aus, als hätte sie ein beschämendes Treffen mit einer Schermaschine gehabt. Jedes Mal, wenn wir sie bürsteten, hatten wir Unmengen Fell in der Bürste. Aber es wuchs alles wieder nach und das nachgewachsene Haarkleid war flauschig, schön, frisch und roch nahezu „neu".

Bei manchen Hündinnen, besonders bei kurzhaarigen, wird man das Aushaaren aber gar nicht so bemerken, bei den rauhaarigen viel eher. Das ist aber ein ganz normaler Vorgang und bedarf keiner Medikamente oder Vitaminpräparate.

Die Zuchthündin wird alt

Auch wenn sie brav ihre Welpen immer und immer wieder großgezogen hat und es nie Probleme gab, so wird jede Zuchthündin irgendwann alt.

Was macht ein Züchter mit einer ausgedienten Zuchthündin? Was ist an dieser Stelle richtig, was falsch? Es gibt Züchter, die diese Hündin sehr gern anderen überlassen, meistens Freunden oder Verwandten, die sich auch jetzt um die Hündin kümmern und ihr den wohlverdienten Lebensabend gönnen.

Es gibt auch Züchter, die sperren ihre alte Zuchthündin in einen Zwinger, wo sie zwar gefüttert wird, aber eigentlich nur noch ihrem Ableben entgegenwarten. Und es gibt die Züchter, die auch die alten Omis behalten und sie vorzugsweise als „Tagesoma" für die neuen Welpen einsetzen. Diese Hündinnen bekommen selbst keine Welpen mehr, werden meist kastriert, verbleiben aber beim Züchter, um bei der Erziehung der neuen Generationen mitzuhelfen.

Eine alte, erfahrene Hündin ist für Welpen und für den Züchter Gold wert. Sie weiß genau, wie man mit Welpen umgeht, was sie lernen müssen, wie man sie maßregelt und wann man ausgelassen mit ihnen spielt. Und zu einer Familie gehören nun mal auch Omas und Opas.

Auch wir behalten unsere alten Hunde. Sie dürfen in den Ruhestand gehen, den sie wohlverdient haben. Und wenn die ersten Zipperlein drücken, dann gibt es einen kuscheligen Platz, an dem pensionierte Zuchthunde ihre alten Gelenke ausstrecken dürfen.

Zum Schluss

Jeder Züchter hat so seine ganz eigene Vorstellung,
warum er züchtet. Wir haben es uns zum erklärten Ziel
gemacht, die genetische Population so vielfältig wie
möglich zu halten, sodass die Russells, die von uns
gezüchtet sind, das Zeug haben, gesund zu sein und
steinalt zu werden.
Wir finden es spannend zu beobachten, wie die Welpen aussehen, wenn man mit ganz bestimmten Farben experimentiert. Wir lieben es, sie heranwachsen
zu sehen, zum ersten Mal über sie drüber zu stolpern
und ihnen bei ihren wilden Spielen zuzusehen.
Kommen dann Menschen zu uns, die sich für einen
Welpen interessieren, erkläre und erzähle ich gern
alles Wissenswerte rund um den Hund. Ich beobachte
die Menschen gern, wenn sie sich ihren Welpen aussuchen, und am allerschönsten ist die Freude in den
Augen dieser Menschen zu sehen, wenn sie den Welpen mit ins Auto nehmen und mit ihm davonbrausen.
Ich liebe meine Hunde über alles und ich liebe es auch
über alles, Züchter zu sein.

Anhang

Adressen

Im Folgenden finden Sie die Adressen der kynologischen Dachverbände in Deutschland, Österreich und der Schweiz. Hier erhalten Sie die Adressen der den Dachorganisationen angeschlossenen Vereinen, Clubs und Züchtern, die sich mit der Zucht und Haltung von Jack und Parson Russell Terriern befassen und Ihnen gern Auskünfte erteilen oder bei der Welpenvermittlung helfen.

Verband für das Deutsche Hundewesen e. V. (VDH)

Westfalendamm 174
D-44141 Dortmund
Telefon: +49 231 56500-0
E-Mail: info@vdh.de
Internet: www.vh.de

Österreichischer Kynologenverband (ÖKV)

Siegfried Marcus-Straße 7
A-2362 Biedermannsdorf
Telefon: +43 2236 710667
Telefax: +43 2236 710667-30
E-Mail: office@oekv.at
Internet: www.oekv.at

Schweizerische Kynologische Gesellschaft (SKG)

Brunnmattstrasse 24
CH-3007 Bern
Telefon: +41 31 3066262
Telefax: +41 31 3066260
E-Mail: info@skg.ch
Internet: www.skg.ch

Wer mit seinem Russell auch einen Hundesport betreiben möchte oder mit seinem Hund eine bestimmte Ausbildung absolvieren möchte, findet in den hier aufgeführten Verbänden die richtigen Ansprechpartner.

Deutscher Hundesportverband e.V.

Ennertsweg 51
58675 Hemer
www.dhv-hundesport.de

Österreichische Hundesport-Union (ÖHU)

Franz Spiegelgasse 45
A-2331 Vösendorf
www.oehu.at

Kontaktadresse der Autorin:
Sandy Kien
Vorderbruck 8
A-2770 Gutenstein
Tel.: +43 699 12702885
E-Mail: sandy@silvermoonkennel.at

Zum Weiterlesen

Ferber, Renate: **Hundeleckerli selbst backen.** Oertel+Spörer, 2011.

Hartmann, Michael: **Patient Hund. Hundekrankheiten vorbeugen, erkennen, behandeln.** Oertel+Spörer, 2010.

Knötzele, Peter: **Der Hund ist des Thrones wert.** Kulturgeschichte des Hundes. Oertel+Spörer, 2011.

Rauth-Widmann, Brigitte: **Welpen. Mit dem Hund durch das erste Jahr.** Oertel+Spörer, 2010.

Reichenbach, Uta: **Wie Hunde kommunizieren. Hundesprache richtig verstehen.** Oertel+Spörer, 2011.

Reichenbach, Uta und Lehari, Gabriele: **Der zuverlässige Begleithund. Von der Welpenerziehung bis zur Begleithundprüfung.** Oertel+Spörer, 2009.

Reisert, Christiane: **Wo drückt die Pfote? Wenn Hunde krank sind.** Oertel+Spörer, 2011.

Schuhmeir, Wieland: **Problem Hund? Verhaltensprobleme erkennen – lösen – vorbeugen.** Oertel+Spörer, 2011.

Sinner, Tanja und Lehari, Gabriele: **Obedience. Gehorsam in Perfektion.** Oertel+Spörer, 2010.

Werner, Tina: **Wellness für Hunde.** Oertel+Spörer, 2010.